17. Seminar Aktuelle Fragen der Durchstrahlungsprufung und des Strahlenschutzes

AA005362

Berichtsband BB 160

Dresden, Germany
30 March 2017

ISBN: 978-1-5108-6993-6

Printed from e-media with permission by:

Curran Associates, Inc.
57 Morehouse Lane
Red Hook, NY 12571

Some format issues inherent in the e-media version may also appear in this print version.

This work is licensed under a Creative Commons Attribution 3.0 International Licence. Licence details: http://creativecommons.org/licenses/by/3.0/.

Printed by Curran Associates, Inc. (2018)

For permission requests, please contact Deutsche Gesellschaft Fuer Zerstoerungsfreie Pruefung (DGZfP) at the address below.

Deutsche Gesellschaft Fuer Zerstoerungsfreie Pruefung (DGZfP)
Max-Planck-Str. 6
12489 Berlin
Germany

Phone: +49 30 67807-0
Fax: +49 30 67807-109

mail@dgzfp.de

Additional copies of this publication are available from:

Curran Associates, Inc.
57 Morehouse Lane
Red Hook, NY 12571 USA
Phone: 845-758-0400
Fax: 845-758-2633
Email: curran@proceedings.com
Web: www.proceedings.com

TABLE OF CONTENTS

Mikro-Radiografie und Mikro-Computertomografie mit Absorptions-und Phasenkontrast für die Materialcharakterisierung

Johann KASTNER [1]
[1] FH Oberösterreich, Wels, Österreich
Kontakt E-Mail: johann.kastner@fh-wels.at

Kurzfassung. Mikro-Radiografie (RT) und Mikro-Röntgencomputertomografie (CT) sind Verfahren, die seit vielen Jahren in der Materialcharakterisierung eingesetzt werden. In diesem Beitrag werden insbesondere hochauflösende Verfahren und Phasenkontrastverfahren präsentiert, wobei verschiedenste Anwendungen aus dem Kunststoff und Metallbereich präsentiert werden.

Röntgen-Computertomografie (CT) entwickelte sich aus den Diagnoseverfahren der Medizin und wird nun schon seit mehr als 10 Jahren sehr erfolgreich für technische Anwendungen eingesetzt. CT findet Anwendung in der zerstörungsfreien Prüfung von Bauteilen und Werkstoffen, der messtechnische Erfassung von Außen- und Innengeometrien und in einer Vielzahl anderer Gebiete. Mit modernen Mikrofokus- oder Nanofokusröhren und dementsprechend hochauflösenden Detektoren erreicht man auch mit Laborgeräten Auflösungen von deutlich unter 1 µm. Es werden Ergebnisse von unterschiedlichsten Werkstoffen wie Holz, Kunststoffe und Metalle präsentiert. Mittels CT wird „virtuelle Metallografie bzw. Materialografie“ betrieben und es können verschiedene Phasen wie Fe-Aluminide, Mg2Si oder Poren in Aluminium-Legierungen aufgelöst werden. Bei glasfaserverstärkten Kunststoff-Proben (GFK) lassen sich beispielsweise die einzelnen Glasfasern mit CT auflösen und mittels geeigneten Softwaretools entsprechend quantifizieren. Quantitative Daten von Fasern können die Orientierung, der Durchmesser oder die Länge der einzelnen Fasern sein, mit denen in weitere Folge auf mechanische Eigenschaften des Polymers rückgeschlossen werden kann. Darüber hinaus bietet die CT-Technologie die Möglichkeit, In-situ Untersuchungen durchzuführen. Beispielsweise können In-situ-Zugversuche direkt im CT durchgeführt werden, um das Schädigungsverhalten eines Werkstoffes besser zu verstehen.

Mit der konventionellen CT kann eine dreidimensionale Verteilung des Absorptionskoeffizienten erfasst werden. Mit Hilfe eines Talbot-Lau Interferometers kann eine differentielle Phasenkontrasttomografie durchgeführt werden, bei der gleichzeitig die Absorption, die Phasenverschiebung und das Streufeldbild (=Dunkelfeldbild) ermittelt werden. In diesem Beitrag werden kohlenstofffaserverstärkte Kunststoff Laminate (CFK) sowie glasfaserverstärkte Kunststoffproben mittels eines Talbot-Lau Interferometermessaufbaus untersucht. Die Dunkelfeldtomografie ermöglicht eine Charakterisierung der einzelnen Kohlenstoff-Faserbündel in den CFK-Proben. Die anisotropen Eigenschaften der Ultrakleinwinkelstreuung werden dazu verwendet, um Richtungsinformationen auf Mikrostrukturebene aus der Probe zu generieren. Anhand der CFK-Laminaten

Lizenz: http://creativecommons.org/licenses/by/3.0/de/

können dadurch die einzelnen gleichgerichteten Faserbündel extrahiert werden, obwohl die einzelnen Kohlenstofffasern deutlich unter der Auflösungsgrenze liegen. Durch Kombination von zwei aufeinander normalen Dunkelfeld-CT Messungen können somit die Gewebearten von 0/90 Grad Gelegen visualisiert und quantifiziert werden. In mittels Spritzguss hergestellten GFK-Proben werden in den Dunkelfeld-CT Daten die Faserhauptorientierungen in den Materialien sichtbar. Somit ist eine qualitative Darstellung von anisotropen Faserorientierungen (z.B. Bindenähte) möglich.

1. Einführung

Röntgen-Computertomografie (CT) wird in den letzten 10 Jahren immer häufiger in technischen und industriellen Bereichen angewendet [1,2,3]. Diese Entwicklung lässt sich durch Studien über die weltweit verkauften CT-Geräte als auch die steigenden Forschungsaktivitäten im Bereich CT belegen. Die Automobil-, Kunststoff- und Flugzeugindustrie gehören zu den Pionieren der industriellen CT. Dabei findet CT Anwendung in der zerstörungsfreien Prüfung von Bauteilen und Werkstoffen und der messtechnischen Erfassung von Außen- und Innengeometrien. In einer Vielzahl von anderen Forschungsgebieten wie z.B. Archäologie und Kunst werden mittels CT Fragestellungen nach verborgenen Strukturen, Erhaltungszustand und Entstehungsweise untersucht.

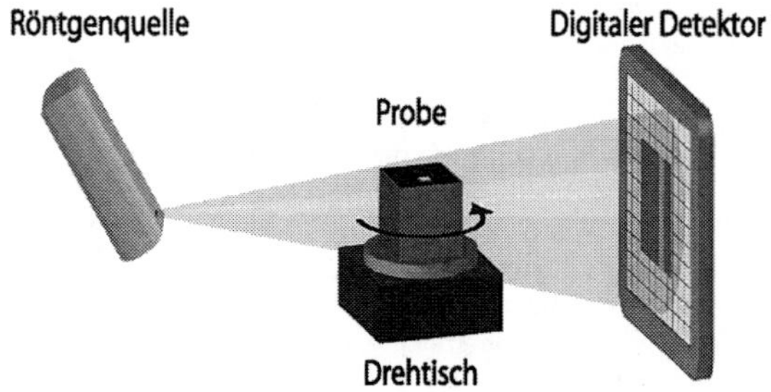

Abb.1a: Messprinzip der Kegelstrahl-Röntgencomputertomografie

Abb.1b: Bild eines CTs der FH OÖ Wels – RayScan 250E

Röntgen- Computertomografie ist eine zerstörungsfreie Prüfmethode, die es ermöglicht, die gesamte Volumeninformation eines Prüfkörpers zu ermitteln. Im Prinzip besteht ein 3D-Röntgencomputertomograf aus drei Komponenten: der Strahlenquelle (Röntgenröhre), einem Drehtisch auf dem die zu prüfende Probe befestigt wird und einem digitalen Detektor. Der prinzipielle Aufbau ist in Abbildung 1a dargestellt. Die Strahlenquelle erzeugt einen kegelförmigen Röntgenstrahl, welcher das Prüfobjekt am Probentisch durchstrahlt. Beim Durchstrahlen eines Objektes wird die Röntgenstrahlung unterschiedlich stark abgeschwächt. Die Stärke der Abschwächung wird unter anderem durch die Probendicke (Durchstrahlungslänge), die Dichte der Bauteile und der Ordnungszahlen der zu durchstrahlenden Materialien bestimmt. Der digitale Detektor wandelt schlussendlich die Strahlungsintensität in ein digitales Projektionsbild um. Für eine vollständige CT-Messung wird eine volle Umdrehung des Messobjekts im Strahlenkegel der Röntgenstrahlung durchgeführt und eine finite Anzahl von Projektionen aufgenommen. Diese Projektionsbilder werden mittels eines mathematischen Algorithmus in ein virtuelles 3D-Volumen umgerechnet. Dieses 3D-Volumen setzt sich aus den sogenannten Voxeln (Volumen-Pixeln) zusammen, denen Grauwerte zugewiesen werden, die im Wesentlichen

der Dichte und der Ordnungszahl des Materials an der jeweiligen Stelle im Messobjekt entsprechen [1,2,3].
Das CT-Verfahren erfordert eine vollständige Abbildung des Messobjekts auf dem Detektor in jeder einzelnen Projektion. Dies führt dazu, dass der größte Durchmesser des Messobjekts die Auflösung bestimmt. Um Defekte und Materialinhomogenitäten wie Poren, Lunker, Risse oder Einschlüsse und deren Position, Art, Form und Größe im 3D-Volumen eindeutig erkennen zu können, benötigt man die Information mehrerer benachbarter Voxel. Die maximale Voxelauflösung errechnet sich dabei aus dem maximalen Prüflingsdurchmesser in mm dividiert durch die Anzahl der zur Verfügung stehenden Pixel innerhalb einer Detektorzeile. Die FH OÖ Wels beschäftigt sich nunmehr seit 11 Jahren mit der industriellen CT und hat 3 CT-Systeme im Einsatz. CT ist durch folgende Eigenschaften charakterisiert:

- CT ist eine zerstörungsfreie Methode
- CT ist eine Methode, die das komplette Bauteil – auch Innengeometrien – erfasst
- CT hat hohe Wachstumsraten (ca. 10-15 %/Jahr)
- Aufgrund der rasanten Entwicklung der Informationstechnologien werden CT-Daten immer leichter verarbeitbar.

Die Hauptanwendungen von CT sind:
- Zerstörungsfreie Werkstoffprüfung und 3D-Materialcharakterisierung
- Messung von Faserlängen, Faserorientierungsverteilungen sowie Porosität.
- Zerstörungsfreie 3D-Vermessung, insbesondere von Innenflächen z. B. Wandstärkenmessung
- Soll-/Ist-Vergleich von CAD-Daten mit CT-Messdaten und Duplizierung von Prüfobjekten mittels Rapid-Prototyping-Verfahren
- Generierung von Messdaten für die Simulation von Bauteilen

2. Ergebnisse

2.1 Charakterisierung von Kunststoffen mit Absorptions-Computertomografie

Die zerstörungsfreie Werkstoffprüfung von Kunststoffen ist ein ideales Anwen-dungsfeld für CT, weil Kunststoffe eine eher geringe Röntgenabsorption haben und damit auch sehr große und dickwandige Bauteile noch gut durchstrahlt werden können. Aus den CT-Ergebnissen können wichtige Erkenntnisse über die Produkt-qualität und die dreidimensionale Struktur der Werkstoffkomponenten gewonnen werden. Die wichtigsten Anwendungsfelder in diesem Bereich sind:

- Charakterisierung der Faserstruktur von faserverstärkten Kunststoffen und Bestimmung der Faserorientierung bzw. des Faserorientierungstensors
- Detektion von Fehlern und Ungänzen (Delamination, Ondulation, Porosität, gebrochene Fasern, etc.)
- Charakterisierung von Materialinhomogenitäten (Poren, Einschlüsse, Risse) und Materialübergängen, Bindenähte, Faserumlenkungen (Books), etc... .
- Dreidimensionale Charakterisierung der einzelnen Werkstoffkomponenten und Bestimmung von quantitativen Größen wie Geometrie, Position und Verteilungsfunktion der einzelnen Komponenten
- Qualität von Verbindungsstellen (z.B. Prüfung von Klebestellen)

Abbildung 2 zeigt CT-Schnittbilder von einem glas- (GFK) und einem kohlenstofffaserverstärkten Kunststoff (CFK). Die Glasfasern in (a) haben einen Durchmesser von ~13 µm und absorbieren die Röntgenstrahlung im Vergleich zur Polypropylen (PP)- Matrix auf Grund der höheren Dichte relativ stark. Im Gegensatz dazu wird für CFK (b) eine höhere Auflösung benötigt, um einzelne Kohlenstofffasern mit einem Durchmesser von ~6 µm noch detektieren zu können. Der Dichte- bzw. Absorptionskontrast zwischen Kohlenstofffasern und Epoxidharz-Matrix bei CFK ist deutlich geringer als bei GFK. In (c) werden Poren und Reinharzbereiche im CFK gemeinsam mit einzelnen Kohlenstofffasern dreidimensional darstellt.

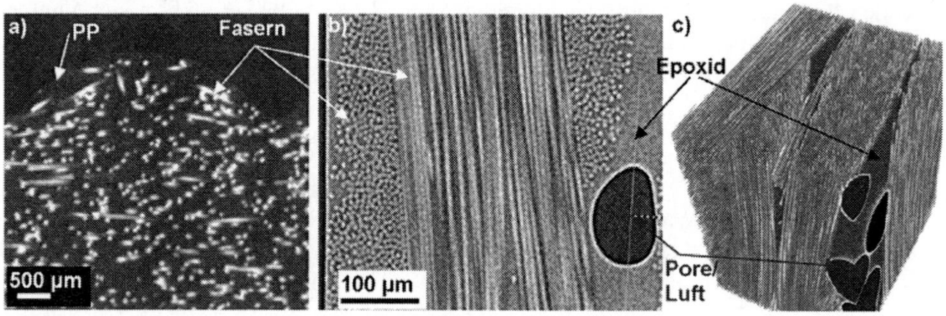

Abb.2: Faserdarstellung von: a) GFK tomografiert mit $(3\ \mu m)^3$, b) CFK tomografiert mit 1 µm und c) 3D-Darstellung eines CFK-Ausschnitts mit Porositäten.

Mittels CT wird eine komplette 3D-Information der Probe in digitaler Form generiert. Diese Daten können mittels verschiedenster Algorithmen ausgewertet werden, um quantitative Werte einer Probe oder eines Materials zu bestimmen. Dies wurde für glasfaserverstärkte Kunststoffproben durchgeführt. Details sind in [4] beschrieben. Bild 3 zeigt die aus den CT-Daten berechnete Faserlängenverteilung für glasfaser-verstärkte Polypropylenproben mit jeweils 10 Gew. % bis zu 60 Gew. % Faseranteil. Die Proben wurden als Granulat (~3x3x3) mm^3 mit einer Voxelgröße von (2 µm)3 tomografiert. Die ausgewertete Gesamtfaseranzahl hängt stark vom Fasergehalt ab und lag bei den verschiedenen Proben zwischen 3.000 und 100.000 Fasern. Im Vergleich zu Standardverfahren sind das sehr hohe Werte [4], da mit konventionellen Verfahren üblicherweise pro Probe nur einige hundert Fasern charakterisiert werden. Es sind deutliche Unterschiede in der Faserlängenverteilung für die unterschiedlichen Fasergehalte zu erkennen. Bei 60 gew. % Glasfasern liegt die mittlere Faserlänge bei ~200 µm, welche sich mit geringeren Glasfasergehalten zu höheren Faserlängen verschiebt. Für 10% Fasergehalt ist die mittlere Faserlänge etwa 550 µm, also etwa das 2,5-fache der 60%-Probe. Aufgrund von Scherung und mechanischen Beanspruchungen kommt es beim Compoundieren zu einer deutlichen Reduktion der Faserlänge, es werden also viele Fasern gebrochen.

Kohlenstofffaserverstärkte Kunststoffe (CFK) gewinnen in der Flugzeugindustrie immer mehr an Bedeutung. Begründet wird dieser Trend zum Leichtbau durch das deutlich bessere Verhältnis von Festigkeit und Steifigkeit zu der Materialdichte. Um jedoch diese Vorteile von CFK gegenüber den herkömmlichen Werkstoffen nutzen zu können, ist eine geringe Bauteilporosität unbedingt erforderlich. Um geringe Porositäten sicher zu stellen, werden die Bauteile in der Flugzeugindustrie standardmäßig mittels Ultraschallprüfung zerstörungsfrei geprüft. Anhand der Ultraschallabschwächung kann auf eine Bauteilporosität rückgeschlossen werden. Da die Ultraschallabschwächung jedoch nicht nur von der Bauteilporosität, sondern auch sehr stark von der Form und Verteilung der Poren, des verwendeten Harzsystems, sowie dem Vorhandensein von anderen Materialinhomogenitäten abhängt, liegt der Fehler in der Porositätsbestimmung mittels

Ultraschall bei 25 Prozent und darüber. Mittels Kegelstrahl Röntgen-Computertomografie kann man quantitativ die Porosität bestimmen. CT bietet den großen Vorteil, dass die Reproduzierbarkeit sehr gut ist und eine 3D-Information der Poren erfasst wird [5].

In Abbildung 4 werden in dem Diagramm (links) die quantitativen Porositätswerte von CFK-Proben ermittelt durch CT, den Werten aus den Standardverfahren in der Luftfahrt, der Ultraschallprüfung und der nasschemischen Analyse, gegenübergestellt. Mit allen Verfahren wurde derselbe Probenbereich ausgewertet. Aus dem Diagramm ist eine sehr gute Korrelation zwischen den verschiedenen Messverfahren ersichtlich. Bei den US-Werten ist die Streuung höher als bei den Werten aus der nasschemischen Analyse. Die Korrelation liegt ungefähr bei $R^2 = 0{,}98$. In den CT-Schnittbildausschnitten in Abbildung 5 (rechts) sind beispielhafte CT-Schnittbildausschnitte mit unterschiedlicher Porosität dargestellt. Anhand des Schnittbildes (a) können zusätzlich „höherdichte" Verunreinigungen (hell) dargestellt werden [5].

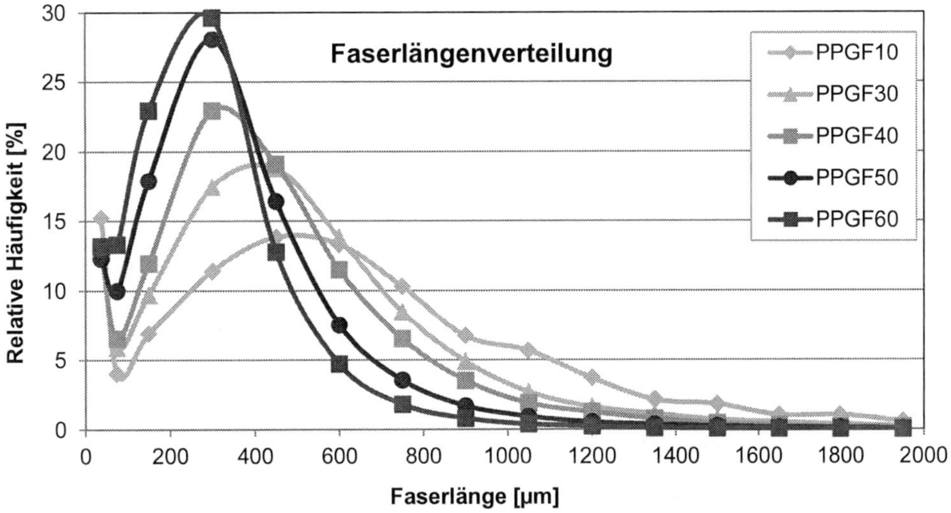

Abb.3: Aus den CT-Daten berechnete Faserlängenverteilung im Granulat von glasfaserverstärktem Polypropylen mit 10 % bis 60 % Glasfaseranteil.

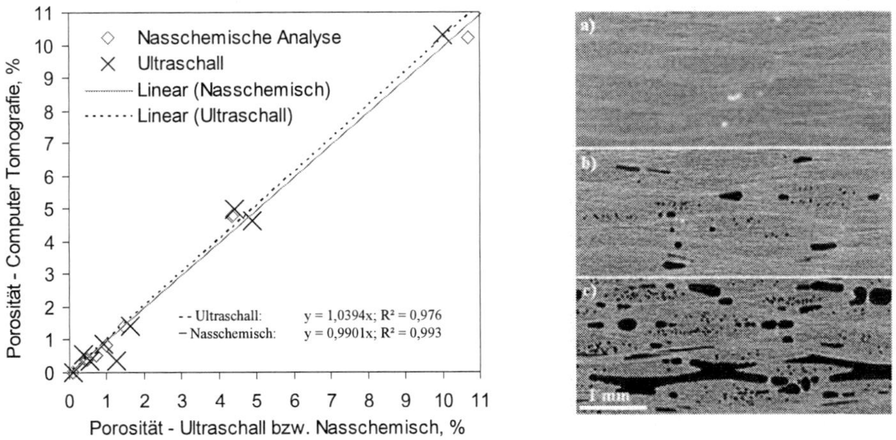

Abb.4: Porositätsbestimmung mittels CT gegenüber der Porositätsbestimmung mittels nasschemischer Analyse und Ultraschall (linkes Bild). CT-Schnittbilder 0 % (a), 0,9 % (b) und 4,5 % (c) Porosität. Voxelgröße = $(10\ \mu m)^3$ (rechtes Bild).

2.2 Charakterisierung von Leichtmetallen mit Absorptions-Computertomografie

Auch Leichtmetalle spielen im modernen Leichtbau eine große Rolle. Zu den Standardanwendungen von CT in der Aluminium-und Magnesiumindustrie gehört die Detektion von Poren und Lunkern. Abb. 5 zeigt die CT-Ergebnisse eines Aluminium-Druckgussteiles in einer semitransparenten Darstellung (links), wobei die detektierten Lunker und Poren farblich dargestellt werden können, und eine 3D-Darstellung der Oberfläche des Bauteils (rechts). Im Falle eines schlechten Gießprozesses kann es während der Abkühlphase an kritischen Stellen im Gussteil vermehrt zur Entstehung von Hohlräumen kommen, weil das von außen abkühlende Material ein Nachfließen zum Auffüllen der entstandenen Hohlräume verhindert. Bei entsprechender Voxelgröße und ausreichendem Dichteunterschied der Inhomogenität gegenüber der Matrix lassen sich nach einer CT-Untersuchung quantitative Gefüge- und Defektanalysen durchführen, wobei je nach Form (Sphärizität) der vorliegenden Defekte zwischen Erstarrungslunkern oder Gasporen bzw. Einschlüsse unterschieden werden kann.

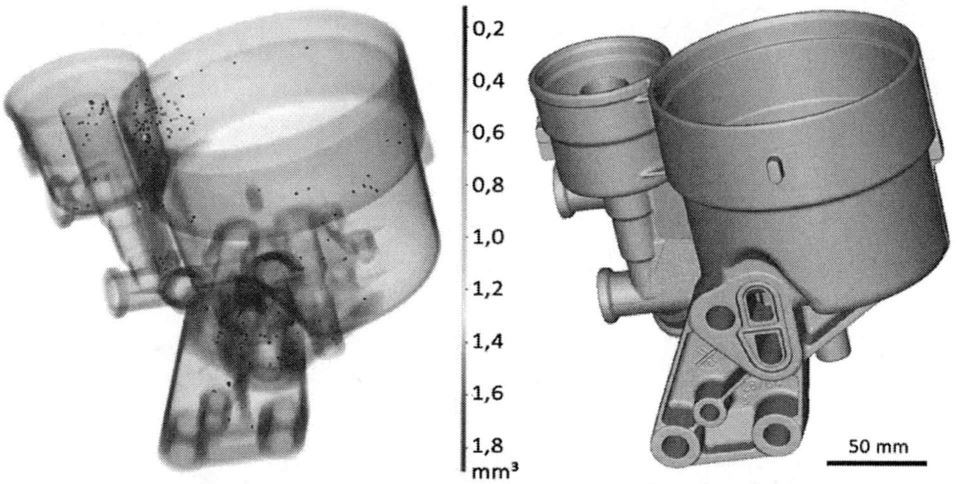

Abb.5: CT-Ergebnisse eines Aluminium-Druckgussfiltergehäuses mit einer farbkodierten Darstellung von Lunkern entsprechend deren Größe (automatische Defektanalyse) und Position in den CT-Daten, dargestellt in einer semi-transparenten (links) und gerenderten 3D-Darstellung (rechts). Voxelgröße = $(120\ \mu m)^3$

Abbildung 6 zeigt CT-Ergebnisse einer AlMg5Si7-Legierung. Vier unterschiedliche Phasen mit unterschiedlichen Röntgenabsorptionskoeffizienten sind detektierbar: die hochabsorbierenden Phasen sind AlFeSi-Aluminide (hell dargestellt), die Al-Matrix und Strukturen, die eine geringere Absorption als die Matrix haben und daher deutlich dunkler sind. Bei diesen Strukturen handelt es sich einerseits um Poren mit relativ glatten Oberflächen und anderseits um eutektische Phasen (Mg2Si), die korallenartige Gefüge bilden [6]. Das rechte Bild in Abb. 7 zeigt eine 3D-Visualisierung eines ausgewählten Volumens der AlMg5Si7-Legierung. Hier wurden die eutektischen Mg2Si-Partikel sowie die AlFeSi-Phasen segmentiert.

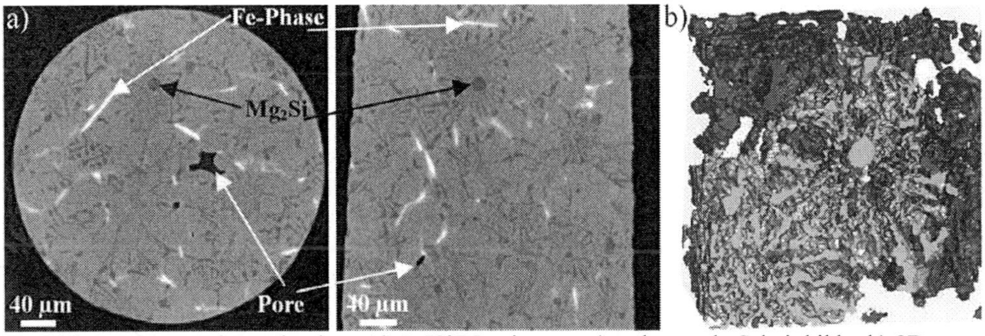

Abb.6: Heterogenitäten in einer AlMg5Si7 Legierung: a) orthogonale Schnittbilder b) 3D-Darstellung von Mg_2Si Phasen. Voxelgröße = $(0{,}5\ \mu m)^3$.

Als weiteres Beispiel werden CT-Ergebnisse einer Mg-Legierung (ZK60 - MgZn6Zr1 mit 2,5 % Gewichtsprozent Seltene Erden) präsentiert. Abbildung 7 zeigt ein hochauflösendes CT-Schnittbild einer gegossenen MgZn6Zr1-Legierung, die mit 2,5 Gew.% Seltene Erden modifiziert wurde. CT zeigt klar die dreidimensionale Struktur des Metalls. Die Mikrostruktur ist gekennzeichnet durch eine Matrix von globularen α-Mg Kristalliten, die durch ein stark verbundenes Netzwerk von intermetallischen Verbindungen entlang der Korngrenzen verstärkt wird [7]. Diese intermetallischen Legie-rungen entstehen durch Segregation von Zn un den Seltenen Erd-Elementen wäh-rend der Verfestigung der flüssigen Phase. Der mittlere Durchmesser der Kristallite kann mit CT gemessen werden, er beträgt 150-200 µm. Es können zwei unterschiedliche Morphologien der intermetallischen Phasen unterschieden werden: eine mit glatter und eine mit lamellenartiger Struktur. Es kann eindeutig erkannte werden, dass die lamellenartigen Phasen eine höhere Dichte als die Phasen mit glatter Struktur haben. Die mit CT detektierbaren Phasen sind α-Mg, MgZn, MgMnZnSrZr und MgxREy intermetallische Verbindungen wie MgZnNbLaCe und MgZnCe.

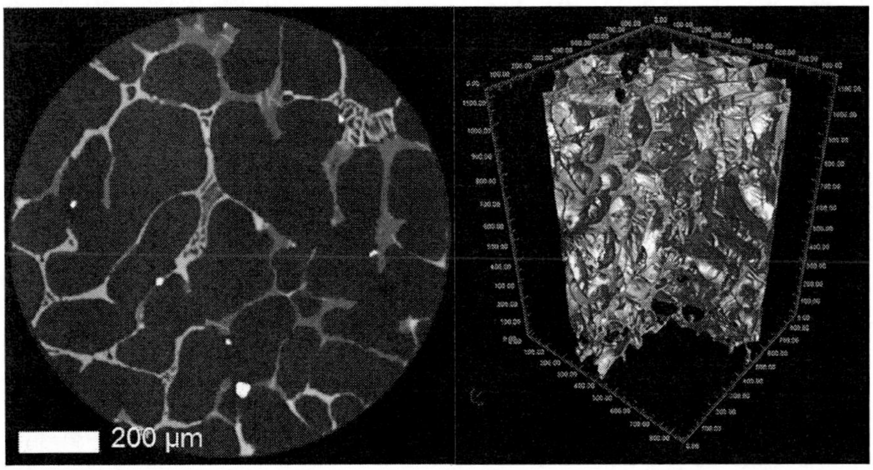

Abb.7: CT-Schnittbild (linkes Bild) und 3D-Visualisierung der intermetallischen Phasen (rechtes Bild) von ZK60+2.5Gewichts% Seltene Erden. Voxelgröße = $(0{,}7\ \mu m)^3$.

2.3 Phasenkontrast- und Giterinterferometer Computertomografie

Talbot-Lau Gitter-Interferometer-Computertomografie (TLGI-CT) mit konventionellen Mikrofokusröntgenröhren und 3 Gittern (Phasengitter G0 zur Erzeugung von Kohärenz nach der Röntgenquelle, Phasengitter G1 nach der Probe und Absorptionsgitter G2 vor dem Detektor) ist in den letzten 10 Jahren eine essentielle und mächtige Methode in der Medizin, Biologie sowie Werkstoffcharakterisierung geworden [8-12]. Hierbei wird das G0-Gitter stufenweise bewegt, um Phaseninformation zu erhalten [8,9]. Das Messprinzip dieses TLGI-CT wird genutzt, um Röntgen-CT-Aufnahmen mit der Gitter-Phasenkontrast-Methode zu erstellen und um die folgenden drei Modalitäten auf einmal zu messen:

1) Absorption – Standard-CT: Die Gitter-Phasenkontrast-Methode liefert also auch das gewohnte Bild der herkömmlichen Röntgenbildgebung. Der physikalische Hintergrund dieser Bildinformation ist der Imaginärteil der komplexen Brechungsindizes der Materialien des zu vermessenden Objekts.
2) Brechung/Refraktion- Phasenkontrast-CT: Die differentielle Phasenverschiebung kann aus der Verschiebung des Talbot-Musters berechnet werden. Hiefür ist der Realteil der komplexen Brechungsindizes entlang der Strahlrichtung ausschlaggebend.
3) Kleinwinkelstreuung – Dunkelfeldkontrast-CT: Die Dunkelfeldinformation beruht auf der Kleinwinkelstreuung von Röntgenstrahlen in der Probe. Zur Beschreibung dieses Effektes kann der Streukoeffizient herangezogen werden.

Mit diesen prinzipiell voneinander unabhängigen Messmodalitäten ist es möglich, viel bessere Kontraste für eine Reihe von Anwendungsfälle zu erhalten, was zu besseren Segmentierungsergebnissen führen kann. In diesem Beitrag präsentieren wir Anwendungsfälle von TLGI-CT aus dem faserverstärkten Kunststoffbereich. Abbildung 8 zeigt Absorptions-CT-Schnittbilder einer hochauflösender µCT-Messung (a und b) der CFK-Probe P5, wobei in (b) der Kontrast zusätzlich erhöht wurde, um die einzelnen Faserbündel besser hervorzuheben. (c-e) zeigen TLGI-CT Bilder in den Messmodalitäten Absorption (c), Phasenkontrast (d) und Streukontrast (e). In den Absorptions- und Phasenbilder- (a-d) können vor allem die Poren im CFK aufgelöst werden. Bei Erhöhung des Kontrastes (b) können die Faserbündel in einer Richtung erahnt werden. Für eine Segmentierung ist dieser Kontrast nicht ausreichend. Mittels Streukontrast (e) in der TLGI-CT Messung entsteht ein sehr starkes Signal von den Kohlenstofffaserbündeln, welche im rechten Winkel zu den Gittern orientiert sind. Die Faserbündel sind damit mittels Streukontrast-CT viel besser detektierbar als mit den anderen Messmodalitäten.

a) µCT | b) µCT + Kontrasterhöhung | c) TLGI-CT, Absorption | d) TLGI-CT, Phasenkontrast | e) TLGI-CT, Streukontrast

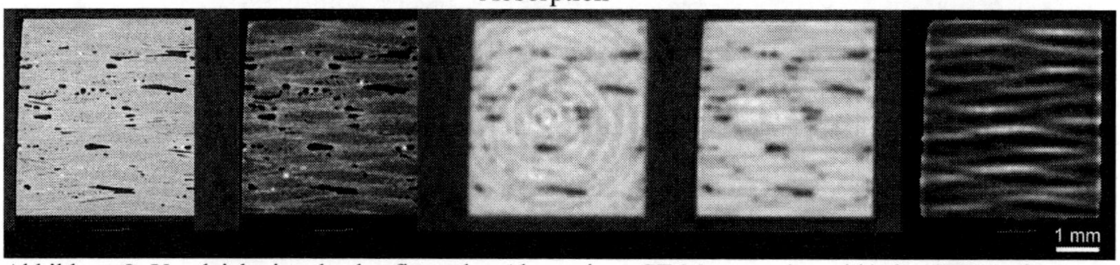

Abbildung 8: Vergleich einer hochauflösenden Absorptions-CT-Messung (a und b) der CFK Probe P5 mit den 3 Messmodalitäten Absorption (c), Phasenkontrast (d) und Streukontrast/ Dunkelfeldkontrast (e) eines Talbot Lau-Gitterinterferometer-CT.

Wie bereits erwähnt, erhalten die Streukontrastdaten auch eine Richtungsinformation. Dies ist in Abb. 9 dargestellt, wo zwei aufeinander normal stehende Streukontrast-CT-Messungen präsentiert werden. Dazu werden die Proben einmal bei 0° (grün eingefärbt) und einmal bei 90° (rot eingefärbt) am Drehtisch positioniert und tomografiert. Durch Fusionieren der beiden Datensätze erhält man dadurch einen vollständigen Datensatz, in dem die Faserbündel in Abhängigkeit ihrer Orientierung farblich kodiert dargestellt werden können.

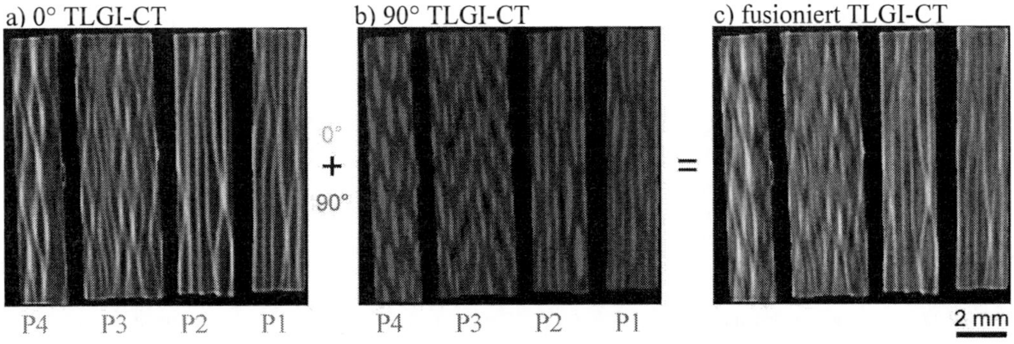

Abbildung 9: Fusion der Streukontrast-CT-Messungen mit 0°/90° Messanordnung (a und b) der CFK Proben P1-P4 zu einem kombinierten Datensatz (c). Die Farben grün und rot geben die Richtungen der Faserbündelorientierungen an (adaptiert von [9])

Abbildung 10 zeigt eine 3D-Darstellung der CFK-Probe P3 gemessen mit µCT Absorptionskontrast (links) und mittels fusioniertem TLGI-CT Streukontrast (links) aus zwei Messungen. Anhand des fusionierten Streukontrastbildes lässt sich sehr gut der CFK-Aufbau „Plain Weave“ erkennen.

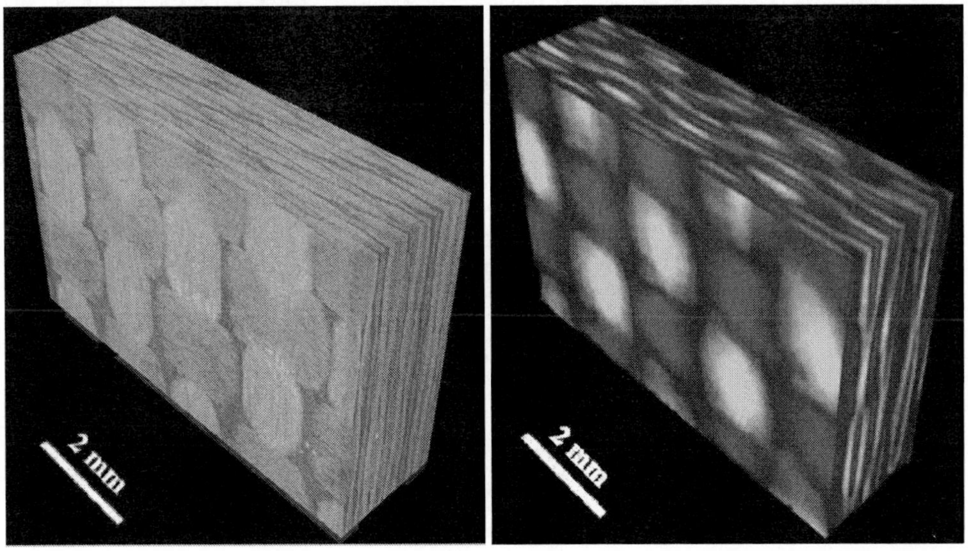

Abbildung 10: 3DCT-Bilder der CFK-Laminatprobe P3, gemessen mit Absorptionskontrast (links) und gemessen mit 0°/90° Streukontrast-CT (rechts) (Adaptiert von [9])

Danksagung

Dieses Projekt wurde unterstützt vom COMET-Programm der österreichischen Forschungsförderungsgesellschaft (FFG) und der oberösterreichischen und steirischen Landesregierung im Rahmen von ZPT+ und vom Projekt "Multimodal and in-situ characterization of inhomogeneous materials" (MiCi) durch die oberösterreichische Landesregierung und die Europäische Union (EFRE) Im Rahmen des EU-Programms IWB2020.

Referenzen

[1] J. Kastner (Editor): Proceedings Industrial CT-Conference, Wels, Austria, 19.-20. September 2012, ISBN 978-3-8322-9418-2, Shaker Verlag, Aachen, 2012. J. Kastner (Editor), Proceedings Industrial CT-Conference iCT2014, Wels, Austria, 25.-28. February 2014, ISBN-13: 978-3844025576, Shaker, Aachen (2014

[2] J. Kastner (Editor), Case Studies in nondestructive testing and evaluation vol6/ B, pp1-131, Special Issue 6th conference on industrial CT 2016 (iCT2016), Wels, Austria, 2016..

[3] L. De Chiffre, S. Carmignato, J-P. Kruth, R. Schmitt and A. Weckenmann: Industrial applications of computed tomography. CIRP Annals-Manufacturing Technology 63, 655-677, 2014.

[4] D. Salaberger, KA Kannappan, J. Kastner, J. Reussner, and T. Auinger: CT Data evaluation of fibre reinforced polymers to determine fibre length distribution. International Polymer Processing 3, 283-291, 2011.

[5] J. Kastner, B. Plank, D. Salaberger and J. Sekelja: Defect and porosity de-termination of fibre reinforced polymers by X-ray computed tomography. In Proceedings 2nd International Symposium on NDT in Aerospace, 1-12, 2010.

[6] J. Kastner, B. Harrer and H.P. Degischer: High resolution cone beam X-ray computed tomography for 3D-microstructure characterization of Al-alloys. Materials Characterization 62, 99-107, 2010.

[7] S. Zaunschirm: High-resolution X-ray computed tomography studies of com-pressed magnesium samples, Masterarbeit, Upper Austrian University of Ap-plied Sciences, 2014.

[8.] F. Pfeiffer, T. Weitkamp, O. Bunk, C. David, Phase retrieval and differential phase-contrast imaging with low-brilliance X-ray sources, Nat. Phys. 2, 258–261, 2006.

[9] V. Revol, B. Plank, R. Kaufmann, J. Kastner, C. Kottler, A. Neels, Laminate fibre structure characterisation of carbon fibre-reinforced polymers by X-ray scatter dark field imaging with a grating interferometer, NDT E Int. 58, 64–71, 2013.

[10] C. Hannesschläger, V. Revol, B. Plank, D. Salaberger, J. Kastner, Fibre structure characterisation of injection moulded short fibre-reinforced polymers by X-ray scatter dark field tomography, Case Studies in NDT & E Int. 3, 34-41 2015.

[11] C. Gusenbauer, M. Reiter, B. Plank, S. Senck, C. Hannesschläger, S. Renner, R. Kaufmann, J. Kastner, Multi-modal Talbot-Lau grating interferometer data for the characterization of fibre reinforced polymers with metal components, 7th Conference on Industrial Computed Tomography (iCT2017), Leuven, Belgium, 2017

[12] C. Gusenbauer, S. Hunger, S. Senck, J. Kastner, Characterization of Tooth Samples with a Talbot-Lau Grating Interferometer µXCT Desktop Device, Proceedings of 4th International Conference on Image Formation in X-Ray Computed Tomography, Bamberg, Germany, 2016

Röntgenuntersuchungen für kurzzeitdynamische Anwendungen

Malte KURFIß [1], Stefan MOSER [1], Gregor POPKO [1], Siegfried NAU [1]
[1] Fraunhofer-Institut für Kurzzeitdynamik, Ernst-Mach-Institut (EMI), Efringen-Kirchen

Kontakt E-Mail: malte.kurfiss@emi.fraunhofer.de

Kurzfassung. In der Zerstörungsfreien Prüftechnik ist man seit langem bestrebt die Inspektionszeit durch Beschleunigung des Röntgens zu verkürzen. Insbesondere in der automatischen Prüfung sind die Belichtungszeiten dank moderner Röhren und Detektoren bereits im Bereich weniger Sekunden oder darunter. Eine zwar verwandte, aber prinzipiell mit anderen Herausforderungen verbundene Fragestellung ist die bildgebende Röntgendiagnostik dynamischer Vorgänge auf kurzen Zeitskalen bis hin in zu Mikrosekunden. In der zerstörungsfreien Prüfung ist die Belichtungszeit ein von der zu erreichenden Bildgüte abhängiger Parameter. Bei der Untersuchung von kurzzeitdynamischen Prozessen ist die Belichtungszeit jedoch eine Größe, die von der Zeitskala des Prozesses abhängt. Daher muss hierbei auf Röntgentechnik gesetzt werden, die in kurzer Zeit eine höchstmögliche Dosis liefert. Weiterhin ist man insbesondere bei hochdynamischen Prozessen dazu gezwungen von herkömmlichen und bekannten Aufnahmegeometrien abzuweichen und im Experiment einen Kompromiss zwischen bestmöglichen Bildergebnissen und Schutz der Infrastruktur einzugehen. Mithilfe von Röntgen-Blitz-Röhren und modernen Hochgeschwindigkeitskameras sind hiermit Prozesse beobachtbar, die auf sehr kurzen Zeitskalen ablaufen. Beispiele dafür sind die Öffnung von Airbags oder die Energieabsorption von Stauchrohren, vergleichbar den Vorgängen in einem Fahrzeug-Crash. Damit lassen sich Informationen gewinnen, die mit bisher verfügbaren, herkömmlichen Methoden nicht zugänglich waren. Durch spezielle Computertomographie-Algorithmen, die auf die Verwendung extrem weniger Projektionen optimiert sind, lassen sich sogar 3D-Rekonstruktion zu einzelnen Zeitpunkten der dynamischen Vorgänge berechnen. In diesem Vortrag werden anhand von Beispielen die Möglichkeiten und Einschränkungen der aktuellen Verfahren vorgestellt und diskutiert.

Lizenz: http://creativecommons.org/licenses/by/3.0/de/

1. Einführung – Warum Röntgenblitztechnik

Am Fraunhofer-Institut für Kurzzeitdynamik, Ernst-Mach-Institut, werden Vorgänge der dynamischen Materialverformung auf Zeitskalen untersucht, die von einigen Nanosekunden in den Bereichen der Verteidigungs- und Weltraumforschung bis hin zu einigen Millisekunden während der sicherheitsrelevanten Phase eines Fahrzeugaufpralls reichen. Neben den konventionellen optischen Methoden zur zeitaufgelösten Beobachtung der Vorgänge, der Hochgeschwindigkeits-Videoanalyse, wird am Ernst-Mach-Institut die Technik des Hochgeschwindigkeitsröntgens fortwährend weiterentwickelt.
Der erfolgreiche Einsatz dieser Messtechnik ist mit zwei wesentlichen Herausforderungen verbunden. Die eine Herausforderung ist es, eine hinreichend kurze Aufnahmezeit pro Bild sicherzustellen, damit Bewegungsunschärfe bei hochdynamischen Vorgängen vermieden wird. Die andere ist die nötige hohe Bildrate, die innerhalb der sehr kurzen Zeitspanne eines Experimentes eine ausreichende Menge an Röntgenaufnahmen liefert. Zusätzlich müssen die Parameter Ortsauflösung und Kontrastrauschverhältnis die nötige Bildqualität gewährleisten. Die kurzen Verschlusszeiten können entweder mit getakteten Systemen auf der Röntgenquellen- und auf der Röntgendetektorseite realisiert werden oder es wird nur auf einer Seite eine sehr schnelle Technologie verwendet, wohingegen auf der anderen Seite lediglich die hinreichenden Voraussetzungen für eine hochfrequente Röntgenabbildung gegeben sein müssen. Da Detektoren, die über eine für das Experiment ausreichende aktive Fläche verfügen, mit Szintillatoren zur Umwandlung von Röntgenquanten in sichtbares Licht arbeiten, ist das Nachleuchten dieser Materialen auf der Detektorseite in der Regel der begrenzende Faktor der Bildfrequenz.
Daher werden die nötigen kurzen Belichtungszeiten auf der Quellenseite realisiert und somit diese Zeitkonstante von der Bildfrequenz entkoppelt. Eine der dazu zur Verfügung stehenden Technologien ist die Röntgenblitztechnik, die über die blitzartige Entladung von Kondensatoren als Spannungs- und Stromquelle einer Röntgenröhre dient.

2. Technische Möglichkeiten der Röntgenblitz-Technik

2.1. Räumliche und zeitliche Bildtrennung

Sollen zur Charakterisierung eines dynamischen Vorgangs Bilddaten zu mehreren Zeitpunkten erfasst werden, verwendet man in der Regel die zwei verschiedenen Möglichkeiten der räumlichen oder zeitlichen Bildtrennung.
Erstere wird verwendet, wenn kein zeitlich aufgelöster Detektor, sondern lediglich ein integrierender Detektor (z. B. ein Röntgenfilm oder eine Speicherfolie) zur Verfügung steht. Die Einzelblitzquellen werden so platziert, dass jede das Versuchsobjekt aus einem leicht anderen Winkel auf den Detektor abbildet. Durch eine geeignete Kollimierung bildet damit jede der Quellen das Objekt bzw. den Vorgang auf einen Teil des Detektors ab. Querbelichtungen können in der Regel durch die geeignete Kollimierung vermieden werden. Durch Auslösen der Blitzquellen zu unterschiedlichen Zeitpunkten ist es möglich, den Vorgang zu frei wählbaren Phasen des Prozesses sowohl räumlich als auch zeitlich getrennt abzubilden.
Die zweite Möglichkeit erfordert einen zeitaufgelösten Detektor, i. d. R. einen Szintillator, welcher von einer Hochgeschwindigkeitskamera gefilmt wird. Zum Einsatz kommen hier meist Multi-Anodenröhren, welche den Parallaxenfehler durch Abbildung aus unterschiedlichen Richtungen minimieren. Da die Abstände zwischen Blitzen i. d. R. deutlich höher als die Dauer der Blitze selbst (ca. 20 ns) sind, ist die Framerate lediglich durch die Abklingzeiten der Szintillatoren gegeben.

2.2. 3D-Tomographie mit sehr wenigen Projektionen (HSCT)

Die Hochgeschwindigkeitstomographie (High-Speed Computed Tomography, HSCT) wurde am EMI für die volumetrische 3D-Erfassung schneller, asymmetrischer Vorgänge auf der Zeitskala von Mikrosekunden entwickelt [1]. Anstatt wie bei der räumlichen Bildtrennung den Parallaxenfehler zu minimieren und die Röntgenquellen zu unterschiedlichen Zeitpunkten auszulösen, verwendet man Einzelblitzquellen, die den dynamischen Vorgang zum identischen Zeitpunkt aus möglichst unterschiedlichen Richtungen auf einen jeweils einer Quelle zugeordneten Flächendetektor abbilden. Dadurch erhält man einen zeitlich konsistenten Datensatz weniger Röntgenprojektionen (abhängig vom Problem in der Regel aus zwischen drei und zehn Perspektiven).
Die Rekonstruktion eines solchen HSCT-Datensatzes ist mit zahlreichen Herausforderungen verbunden, da er sich in zahlreichen Punkten von mit konventionellen Mitteln erzeugten Datensätzen unterscheidet.
Zunächst ist in der Regel die Bildqualität sehr begrenzt, da die Abstände groß (im Bereich weniger Meter) sind und auch bei geeigneter Kollimierung (Quer-)Streuung die Bildqualität negativ beeinflusst. Ein weiterer Faktor ist auch der Brennfleck von Röntgenblitzquellen, der bei einer Quellenspannung von 450 kV (welche für die meisten Anwendungen notwendig ist) in der Größenordnung von ca. 1 mm liegt. Auch die geometrische Kalibrierung des Gesamtaufbaus zur Herstellung geometrischer Konsistenz ist eine nichttriviale Herausforderung, die gegenwärtig durch photogrammetrische Methoden (Ableitung bzw. der realen Aufbaugeometrie bzw. Ermittlung von Korrekturwerten aus den Messbildern nach dem Versuch) gelöst wird. Aus diesen bauartbedingten Gründen ist die Auflösung des Verfahrens derzeit auf ca. 1 mm beschränkt.
Die in der Praxis wohl größte Herausforderung ist jedoch die Rekonstruktion eines sinnvolle Informationen enthaltenden Volumens aus diesem aus mathematischer Sicht extrem unterbestimmten Datensatz. Dies wird durch eine Kombination aus verschiedenen Methoden erreicht. Zunächst wird auf einen multiplikativen algebraischen Algorithmus gesetzt, der sich in der Praxis als sehr geeignet für diese Problemklasse erwiesen hat [2]. Der Rekonstruktionsprozess kann weiterhin durch die Verwendung von A-Priori-Informationen verbessert werden (möglich sind z. B. die Beschneidung der rekonstruierbaren Dichten auf vorgegebene Wertbereiche oder die Vorgabe von leeren oder mit spezifizierten Dichten gefüllten Volumenbereichen). Eine für die Auswertung experimentell gewonnener Daten unabdingbare Modifikation – insbesondere zum Umgang mit den Bilddaten moderater Qualität – ist die Verwendung eines Regularisierungsverfahrens. Durch die Realisierung des Rückprojektionsschrittes als Voxel- anstatt wie üblich als pixelbasiertes Verfahren konnte dies effizient dem Prinzip des Splatting [3] folgend implementiert werden und zeigt in der Praxis ein gutes Vermögen, Artefakte und Rauschen zu unterdrücken.

2.3. Hardware für Röntgenblitzbildgebung

Am Ernst-Mach-Institut werden Röntgenblitzgeräte der Firma Scandiflash mit Nennspannungen bis zu 450 kV verwendet. Im Wesentlichen bestehen die Röntgenbliztgeräte aus einer Spannungsversorgung und den Hochspannungskondensatoren samt Röntgenröhren. Die Hochspannungskondensatoren bestehen aus mehreren Kondensatorelementen, die in einer Parallelschaltung aufgeladen werden und nach dem Ladevorgang über eine Funkenstrecke in einer Reihenschaltung entladen werden. Die typische Entladedauer beträgt 20 ns und bei einer maximalen Leistung von circa 4,5 MW

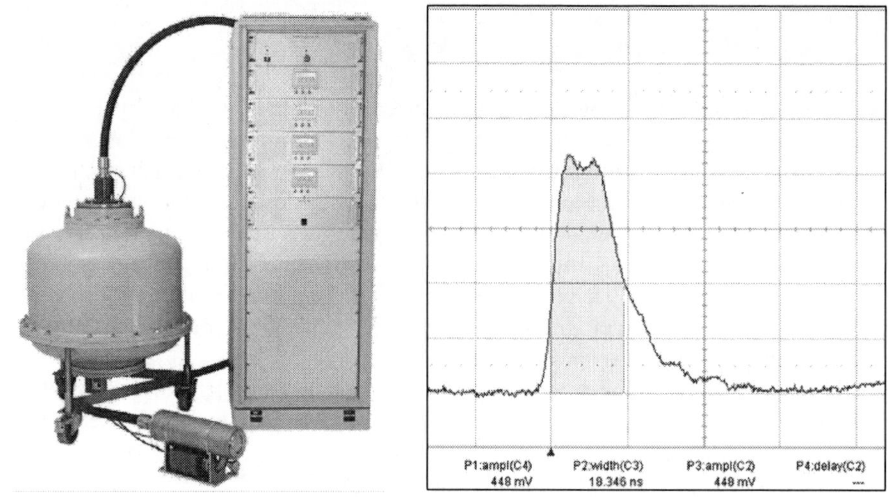

Abbildung 1: Links: Röntgenblitzröhre mit Hochspannungskondensator und Steuerschrank der Firma Scandiflash. Rechts: Messung einer Entladungskurve. Die typische Pulsdauer liegt bei 20 ns und einer maximalen Leistung von 4,5 GW.

Die Kondensatoren sind über ein Hochspannungskabel mit den Röntgenröhren verbunden. Die Kathoden der Röntgenröhren sind ringförmig ausgeführt und umschließen die Spitze der aus Wolfram bestehenden Anode. Beim Zünden der Kondensatoren kommt es zu einer Kaltemission von der Ringkathode zur Anode. Die hohe Pulsleistung führt zu einer Verrundung der Anoden, so dass diese nach einigen Dutzend Röntgenblitzen getauscht werden müssen. Die Brennfleckgröße liegt bei circa 1 mm. Diese vergrößert sich jedoch mit Abnutzung der Anode. Zusätzlich zu einzelnen Röntgenröhren können auch sogenannte Multianodenröhren verwendet werden, bei denen acht einzeln ansteuerbare Anoden in einem Vakuumgefäß untergebracht sind. So können bis zu acht einzelne Röntgenbilder hintereinander von nahezu derselben Position erstellt werden.

3. Röntgen-Car-Crash

Bisher wurde die Röntgenblitztechnik an unserem Institut hauptsächlich für sehr hochdynamische Vorgänge an Objekten mit vergleichsweise geringerer Komplexität eingesetzt. Untersuchungen zum Öffnungsverhalten von Airbags waren eine erste Steigerung zu komplexer aufgebauten und damit von der Bildanalyse anspruchsvolleren Objekten. Mit dem Ziel im Fahrzeug-Crash Röntgentechnik einzusetzen ändert sich das Anforderungsprofil an die Röntgentechnik weiter. Zum einen Stellt der Materialmix im Auto und der komplexe Aufbau deutlich höhere Anforderungen an die Bildqualität und zum anderen steigen Abstände und nötige Detektorfläche deutlich an. Dies kann nur zum Teil durch die vergleichsweise lange Dauer des Experiments von bis zu einigen Zehntel Sekunden kompensiert werden.

Abbildung 2: Forschungscrashanlage am Ernst-Mach-Institut in Efringen-Kirchen, Baden-Württemberg. Im Vordergrund ein hydraulisch-pneumatischer Aktuator, mit dem geregelte Impulsprofile von bis zu 70 g erzeugt werden können.

3.1. Gesamtkonzept

Bei allen modernen Fahrzeugen liegen die wichtigsten Strukturen zum Schutz der Insassen nicht sichtbar im Inneren des Fahrzeuges. Zudem werden, getrieben durch Insassenschutz und Leichtbau, immer komplexere Strukturen und Materialien im Fahrzeugbau eingesetzt. Gleichzeitig steigt aufgrund verkürzter Produktenwicklungszyklen die Bedeutung von numerischen Simulationen, insbesondere Crash-Simulationen, stetig an. Simulationsmodelle und -algorithmen werden stetig weiter verbessert, doch trotz gleichzeitig steigender Verfügbarkeit von Rechenzeit ist ein experimenteller Abgleich nötiger denn je. Die in der zerstörungsfreien Materialprüfung seit langem etablierte Röntgentechnik soll dazu Einblicke in Fahrzeuge und Komponenten während eines Fahrzeug-Crashs ermöglichen, um Erkenntnisse aus numerischen Simulationen experimentell zu validieren.

3.2. Demonstration am generischen Crashmodell

Zur Demonstration der Röntgentechnik wurde eine generische Aluminiumstruktur gewählt. Die Struktur besteht aus rechteckigen Aluminiumprofilen, die eine Crashbox von 600 x 400 x 400 mm bilden. Diese wird nach hinten gegen den sogenannten Crash-Block abgestützt. Ähnlich wie die Motorträger beim Frontalaufprall werden die in Belastungsrichtung liegenden Aluminiumprofile unter Ausbildung von Faltenbeulen gestaucht, wobei sie die Impaktenergie aufnehmen. Im Experiment wurde die Struktur mit einem Impaktor mit einem Gewicht von 500 kg und einer Impaktgeschwindigkeit von 10 m/s beschossen. Aus der Simulation ergab sich, dass in den ersten beiden Millisekunden nach dem Impakt der Prozess der Faltenbildung im Bereich der vorderen und hinteren Kanten der Längsstreben imitiert wird. Je nach Schwächung des Materials in den Wärmeeinflusszonen der Schweißnähte beginnt die Vorder- oder Rückseite mit der Faltung. In der Abbildung unten ist an beiden Seiten der Röntgenaufnahme in den ersten zwei Millisekunden eine erste Auffaltung zu erkennen, wobei in der zweiten Millisekunde die Auffaltung auf der hinteren Seite bereits deutlich größer ist als die an der vorderen Seite.

Abbildung 3: Links: In Blau die generische Aluminium-Crashstruktur. Die Breite vorne beträgt 600 mm bei einer Strebebreite von 60 x 60 mm^2. Die Richtung der Röntgenstrahlung ist von links nach rechts, orthogonal zur Belastungsrichtung. Rechts: Röntgenbilder der Struktur während des Crashs bei einem Impakt von links kommend.

Wie in der Modellierung prognostiziert, faltet die Struktur auf der hinteren Seite, was deutlich nach 15 ms im Röntgenbild zu sehen ist.

4. Zusammenfassung und Ausblick

In dem vorliegenden Artikel wurde die Röntgenblitztechnik zur Bildgebung hochdynamischer Vorgänge vorgestellt. Die grundlegende Technologie wird seit langer Zeit erfolgreich angewendet, ist jedoch als Verfahren relativ unbekannt. Durch moderne digitale Hochgeschwindigkeitskameras, Bildauswertealgorithmen und neue Rekonstruktionsverfahren der Computertomographie konnte der Nutzen dieser Technologie weiter gesteigert werden. Zurzeit wird die Anwendung auf den Fahrzeugcrash mit seinen besonderen Anforderungen ausgedehnt. Dazu werden nicht nur die Detektoren weiterentwickelt, sondern auch auf der Seite der Röntgenquelle neue Systeme beschafft, die deutlich mehr Aufnahmen pro Experiment erlauben, um damit der Vision eines Röntgenfilms beim Fahrzeugcrash einen großen Schritt näher zu kommen.

[1] Stefan Moser, Siegfried Nau, Manfred Salk and Klaus Thoma: "In situ flash x-ray high-speed computed tomography for the quantitative analysis of highly dynamic processes", Meas. Sci. Technol. Vol. 25 No. 2 (2014)
[2] Mishra D, Longtin J P, Singh R P and Prasad V: "Performance evaluation of iterative tomography algorithms for incomplete projection data", *Appl. Opt.* **43** 1522–32 (2004)
[3] Westover L: Splatting: a parallel, feed-forward volume rendering algorithm *Doctoral Dissertation* University of North Carolina at Chapel Hill, NC, USA (1991)

Laminographische Prüfung großer CFK-Flugzeugbauteile bei Airbus

Dr. Oliver BULLINGER [1], Dr. Ulf SCHNARS [1], Daniel SCHULTING [1],
Bernhard REDMER [2], Martin TSCHAIKNER [2], Prof. Dr. Uwe EWERT [2]
[1] Airbus, Bremen
[2] BAM Bundesanstalt für Materialforschung und -prüfung, Berlin
Kontakt E-Mail: ulf.schnars@airbus.com

Kurzfassung

Airbus ist Hersteller von Luftfahrtbauteilen aus Kohlenstofffaserverstärktem Kunststoff. Die innere Qualität der Bauteile wird durch eine 100%-Prüfung mittels Ultraschall sichergestellt. Für den Fall unklarer Anzeigen wurde gemeinsam mit der BAM eine angepasste Form der Röntgenplanartomografie –Technik (Laminografie) als Eskalationsverfahren entwickelt. Dort wird die Indikation mit Hilfe des dreidimensionalen hochaufgelösten Datensatzes analysiert. Mehrere hundert radiometrische Projektionen in kleinen Winkelschritten sind nötig. Die tomographische Rekonstruktion liefert eine dreidimensionale Darstellung der Struktur und der Defekte äquivalent zu einem Schliffbild.

Das laminographische Prüfsystem wurde zur Detektion von Porosität, flachen Gaseinschlüssen zwischen den Lagen und offene Materialtrennungen im Radius des ca. 18m langen Bauteils entwickelt. Teststücke wurden erfolgreich geprüft und mit Schliffbildern verglichen. Eine spezielle Rekonstruktionssoftware wurde entwickelt, um 3D-Volumenbilder in weniger als 1min zu erhalten. Weitergehende Untersuchungen sollen die Leistungsfähigkeit der Technik zeigen und auch zur Entwicklung von Akzeptanzkriterien genutzt werden.

Lizenz: http://creativecommons.org/licenses/by/3.0/de/

Inhalt

- Motivation
- Planar-CT System TOMOCAR der BAM
- Beispiel Seitenleitwerksschale
- Beispiel A380 Seitenleitwerksholm
- Technische Qualifikation
- Zusammenfassung

AIRBUS

Motivation

- Computertomografie (CT) ist ein leistungsfähiges Prüfverfahren, um Inhomogenitäten in Bauteilen sichtbar zu machen.
- Praktische Begenzung: Größe der zu untersuchenden Bauteile.
- Herausforderung in der Luftfahrtindustrie: Prüfung großer (oft flacher) CFK-Bauteile wie Seitenleitwerksschalen, Flügelschalen, lange Holme.
- Laminografie (Planar-CT) ist eine interessante Alternative zur Standard-CT, da hiermit auch große Bauteile prüfbar sind.
- Laminografie soll bei Airbus als sog. Eskalationsverfahren eingesetzt werden, d. h. nur falls andere Verfahren (Ultraschall) keine eindeutigen Ergebnisse liefern.

Planar-CT System TOMOCAR der BAM

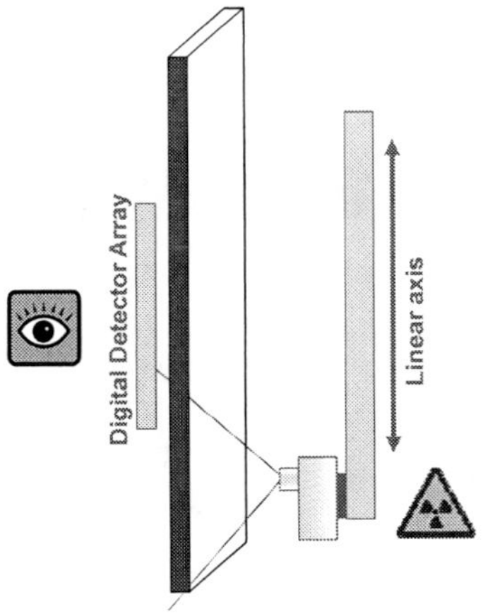

- Röntgenröhre und Detektor sind räumlich getrennt, d. h. auch große Bauteile können untersucht werden
- Begrenzte Anzahl von Durchstrahlungsrichtungen (90°)

Detektion von Delaminationen: Einstrahlrichtung

- Findung nur wenn Einstrahlrichtung parallel zur Ausdehnung der Delamination

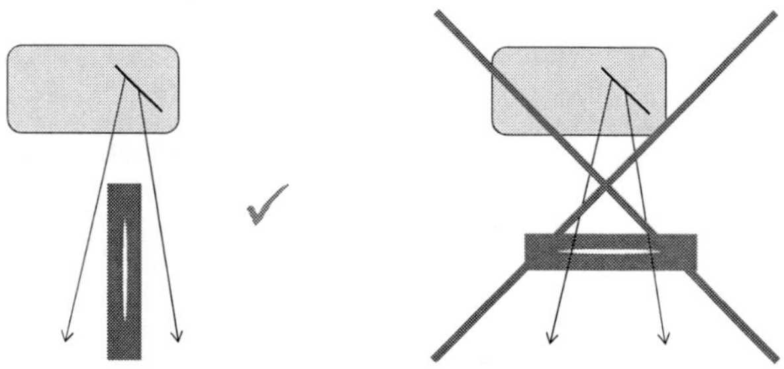

Beispiel Seitenleitwerksschale

- Ziel: Rissdetektion in bestimmten Bauteilbereichen (sog. „Fingerlaschen“)

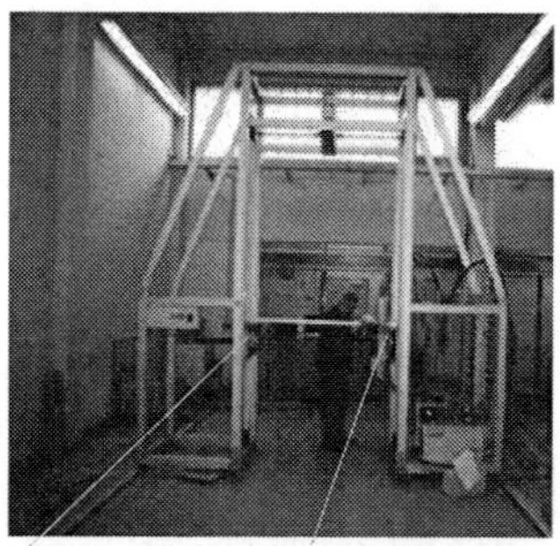

Beispiel Seitenleitwerksschale

- Testbauteil mit künstlich erzeugtem Riss wurde präpariert
- Vergleich Planar-CT mit Schliff zeigte, dass relevante Risse gefunden werden können
- Methode für diese Anwendung qualifiziert

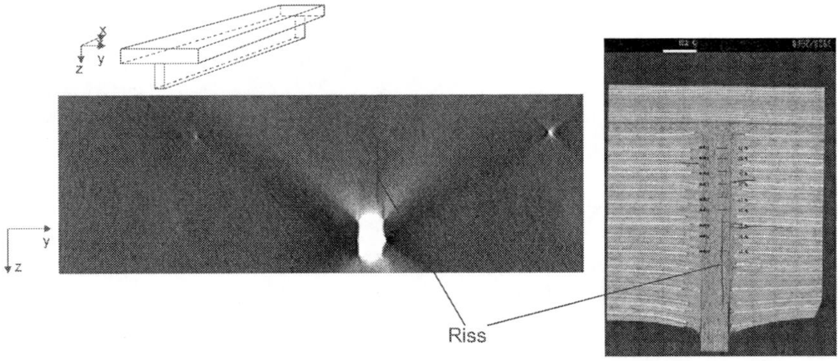

Beispiel A380 Seitenleitwerksholm, Radienprüfung

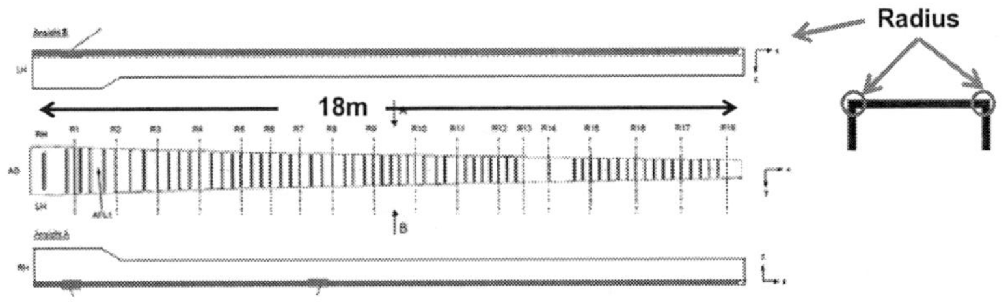

- Ultraschallprüfung (UT) mit Handgerät (A-Bild) ist Standardverfahren
- Im Radienbereich kein Rückwandecho
- Herausforderung für Planar-CT: Länge (18 Meter)

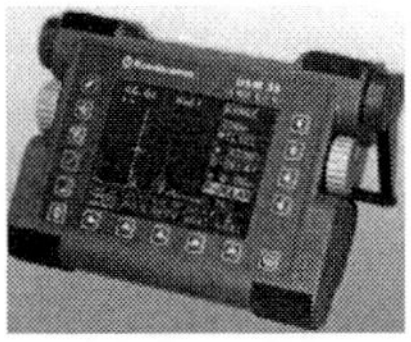

Beispiel A380 Holm, Radienprüfung: Ultraschall

- Radienprüfung per Ultraschall, aufzufindende Mindestfehlergröße 6mm x 6mm)
- Relevante Fehler u. a.: Volumenporosität und Delamination
- Kein Rückwandecho, daher keine Unterscheidung zwischen Delaminationen und Porosität
- Daher werden UT-Ergebnisse als Delamination gewertet, obwohl oft nur eine zu tolerierende Porosität vorliegt

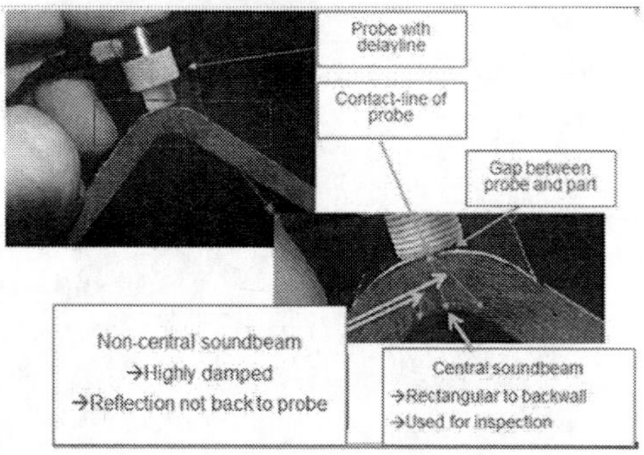

AIRBUS

Beispiel A380 Holm, Radienprüfung: Unterscheidung zwischen Delaminationen und Zeilenporosität nach AITM6-4005

Delamination

Delaminations are detected by the appearance of a clear intermediate echo and:

- By a reduction of the back-wall echo below 5 dB above the noise level.
  Or
- By a loss of back-wall echo.

Delaminations shall be sized using the amplitude of the intermediate echo. (see sub-chapter 12.1.1)

See figure 1 below.

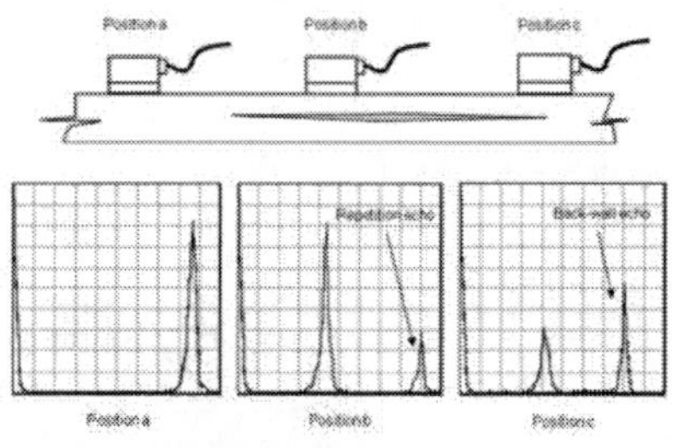

Figure 1: Detection/sizing of a delamination

Layer porosity

Layer porosity is detected by an intermediate echo exceeding the applicable threshold as per sub-chapter 12.1.1 with varying amplitude and a back-wall echo of at least 5 dB above the noise level (varying amplitude), see figure 5 below.

Layer porosity shall be sized using the amplitude of the intermediate echo(es) (see sub-chapter 12.1.1)

NOTE: The detectability of layer porosity might be restricted when the layer porosity is located close to the back-wall.

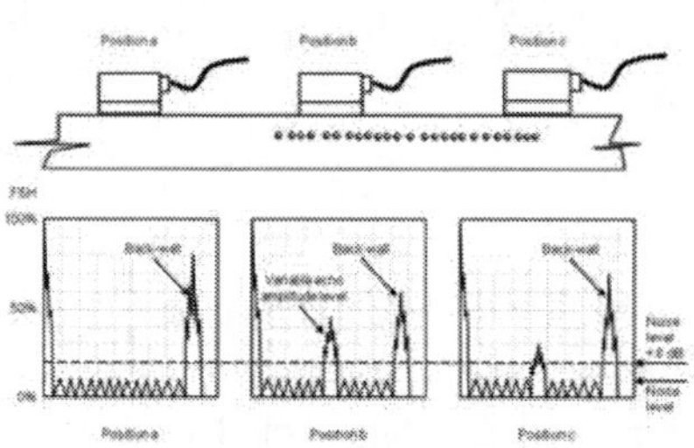

Figure 5: Detection/sizing of layer porosity

AIRBUS

Beispiel A380 Holm, Radienprüfung: Planar-CT

- Planar-CT als Eskalationsverfahren bei unklaren UT-Befunden
- Ein Bereich von jeweils 20 mm wird geprüft
- Kleinste detektierbare Fehlerlänge ca. 0,2 bis 0,3 mm

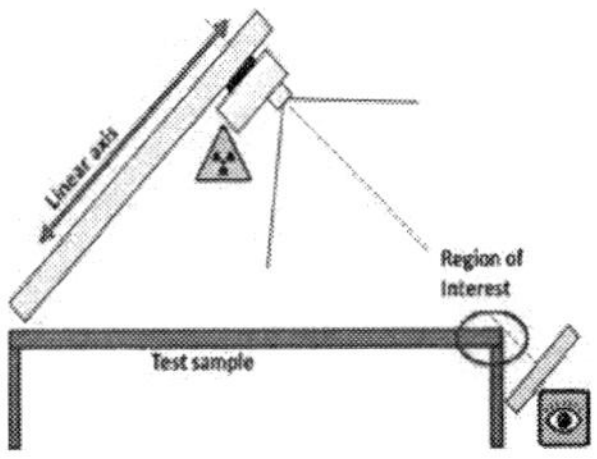

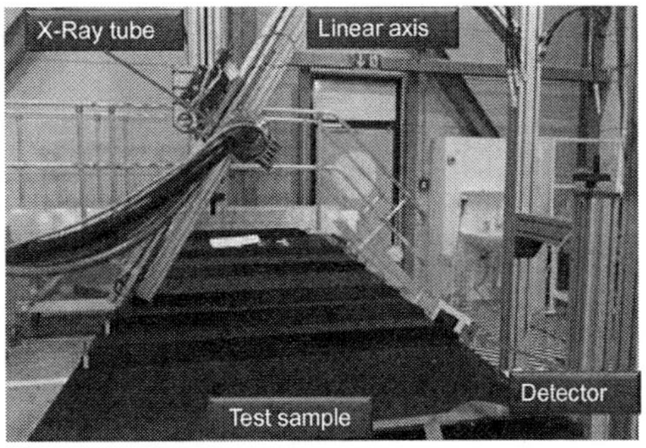

AIRBUS

Beispiel A380 Holm, Radienprüfung: Leistungsfähigkeit der Planar-CT

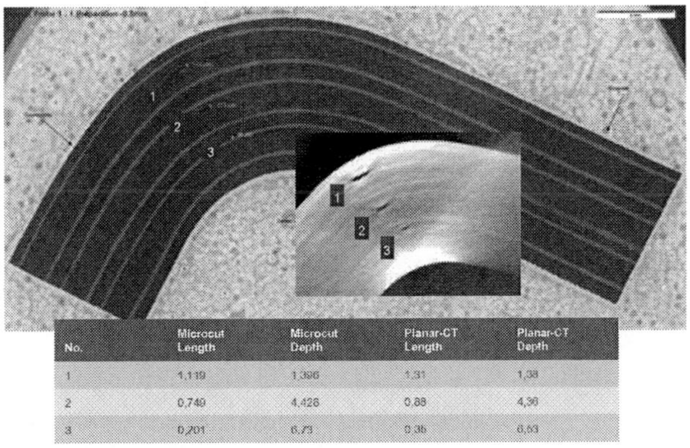

No.	Microcut Length	Microcut Depth	Planar-CT Length	Planar-CT Depth
1	1,119	1,396	1,31	1,38
2	0,749	4,428	0,88	4,36
3	0,201	6,73	0,36	6,63

AIRBUS

Beispiel A380 Holm, Radienprüfung mit Planar-CT: Auswertung

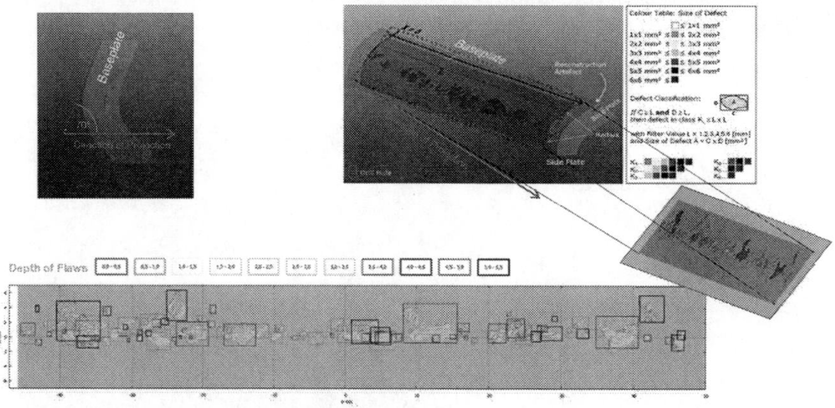

AIRBUS

Beispiel A380 Holm, Radienprüfung mit Planar-CT: Visualisierung von Defekten

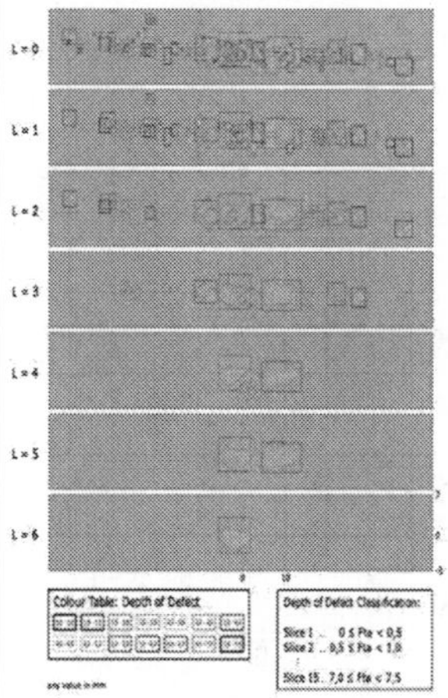

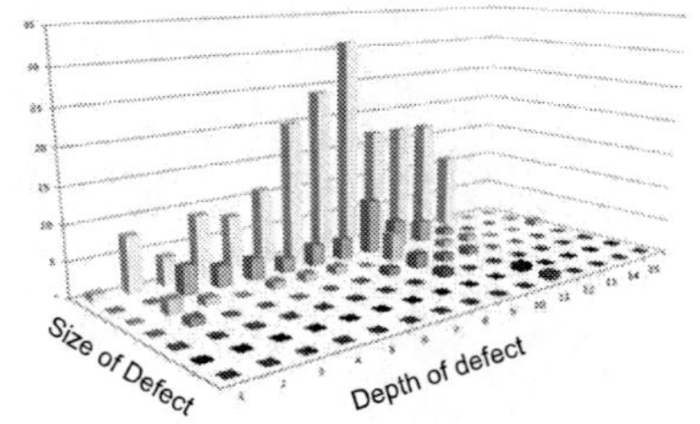

- Indikationen werden gruppiert entsprechend der
  - max. Länge eines umschreibenden Rechtecks
  - Fehlertiefe

AIRBUS

Beispiel A380 Holm, Radienprüfung: Detektion von Delaminationen

- Probe mit natürlicher Delamination per Planar-CT untersucht und mit Schliff verglichen
- Delaminationen können ab ca. 50 µm bis 70 µm Öffnung gefunden werden (werden allerdings breiter dargestellt).

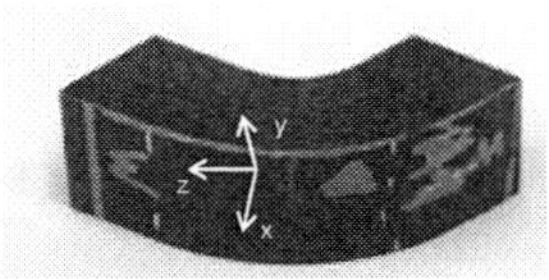

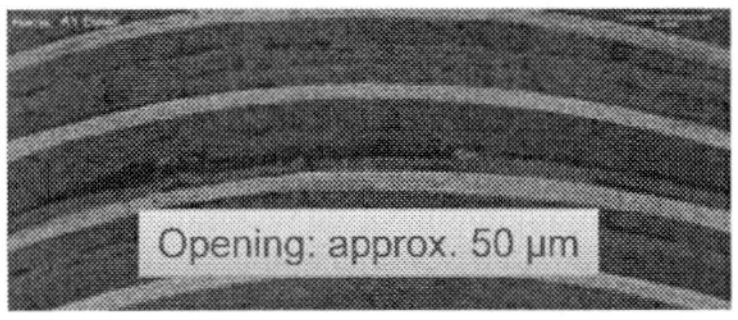

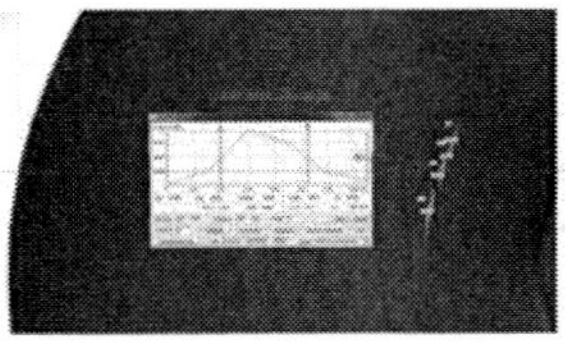

AIRBUS

Beispiel A380 Holm, Radienprüfung: Technische Qualifikation

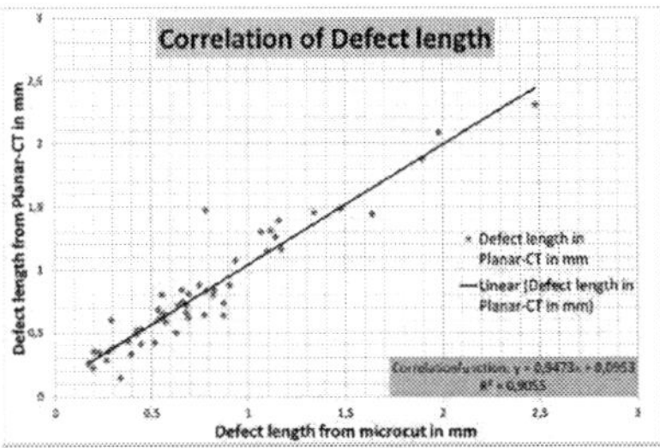

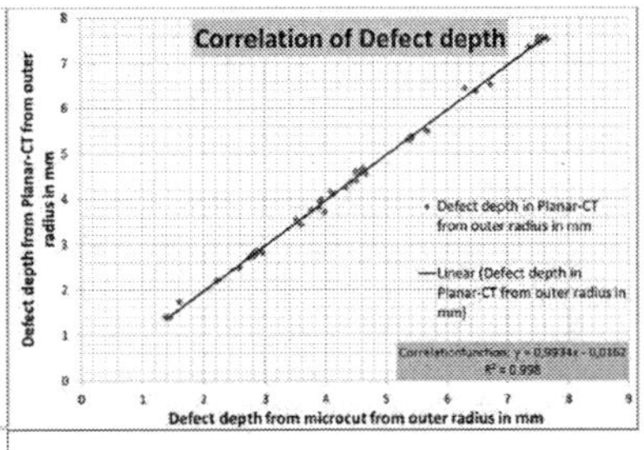

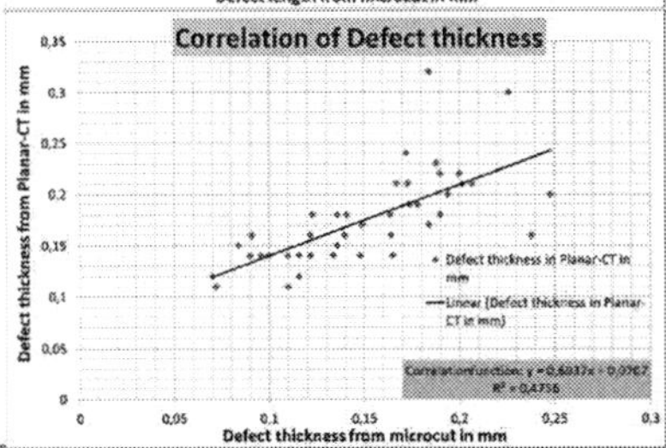

Ergebnis:
Gute Korrelation zwischen Planar-CT und Schliffuntersuchungen für Defekttiefe, -länge und -lage.
Delaminationen können können ab ca. 50 µm bis 70 µm Öffnung gefunden werden.
⇒ Verfahren für diese Anwendung qualifiziert.

AIRBUS

Zusammenfassung

- Laminografie (Planar-CT) ist eine interessante Ergänzung zur Ultraschallprüfung von großen CFK-Bauteilen
- Planar-CT wurde bei Airbus für limitierte Anwendungen als Eskalationsverfahren qualifiziert, um bei unklaren Ultraschallergebnissen zusätzliche Informationen zu liefern
- Jede neue Anwendung muss neu qualifiziert werden, um die Nachweisempfindlichkeit zur Auffindung relevanter Fehler nachzuweisen
- Die Detektierbarkeit von Delaminationen hängt insbesondere von der gewählten Einstrahlrichtung ab

Neue Standards zur Digitalen Radiographie und Qualifizierung von Detektoren

Uwe EWERT [1], Uwe ZSCHERPEL [1]
[1] Bundesanstalt für Materialforschung und -prüfung (BAM), Berlin
Kontakt E-Mail: uwe.ewert@bam.de

Kurzfassung

Gegenwärtig werden verschiedene Normen in verschiedenen Komitees zur Durchstrahlungsprüfung bearbeitet. Die wichtigsten sind:

1. ISO TC 44 SC 5 WG 1, Schweißen
   a. ISO 17636 1-2, ZfP von Schweißverbindungen
   b. 10675 1-2 Zulässigkeitsgrenzen
2. ISO TC 85 SC 6 Kerntechnik, ZfP von Schweißverbindungen
   a. In service inspection of primary circuit components, new work item
      i. Übersetzung ins Englische aus DIN 25435 1-7
3. ISO TC 135, CEN TC 139, WG1, ASTM E07, ZfP
   a. Speicherfolien, Klassifizierung
      i. EN 14784-1, ISO 16731-1, ASTM E2445/6
   b. ZfP mit Speicherfolien (Computer-Radiographie), allgemeine Regeln
      i. EN 14784-2, ISO 16731-2, ASTM E2445/6
   c. Korrosion und Wanddickenmessung
      i. EN 16407 1-2, ISO 20769 1-2
   d. Brennfleckgröße, Strahlergröße
      i. EN 12543 1-6, EN 12679
   e. Doppeldraht BPK
      i. ISO 19232-5, E 2002
   f. Computer-Tomographie
      i. EN 16016 à ISO 15708 (2017)
      ii. Dimensionelles Messen in ISO TC 213
4. ASTM E 07, Matrixdetektoren (DDAs)
   a. E2597M, E2737, E2698
5. CEN TC 190 WG 10, Gussteilprüfung (Film und Digital)
   a. EN 12681
6. IIW- Schweißkataloge, digital, ISO 5817

Es wird über die neuen Anforderungen dieser Normen bzw. Normrevisionen informiert und insbesondere auch über die veränderten Parameter, die bei Prüfpraxis und bei der Klassifizierung zu berücksichtigen sind. Bei der Schweißnahtprüfung werden gegenwärtig Anwenderanfragen gesammelt, um die Revision für die ISO 17636-1, -2 in 2018 vorzubereiten. Die

Lizenz: http://creativecommons.org/licenses/by-nd/3.0/de/

Zulässigkeitsstandards ISO 10675-1, -2 wurden revidiert und werden 2016/17 veröffentlicht. Es sind Änderungen bei der Bewertung von Porennestern und Porenzeilen zu berücksichtigen. Die Standards zur Schweißnahtprüfung in der Kerntechnik, DIN 25435, wurden ins Englische übertragen und sind als „new work item" bei ISO TC 85 SC 6 registriert. Weiterer Revisionsbedarf ergibt sich aus Änderungen bei Standards des ASTM Komitees E 07 (ZfP) zur Klassifizierung von Computer-Radiographie-Systemen (Speicherfolien) und dem Doppeldraht BPK, der derzeit bereits mit 15 Drahtpaaren verfügbar ist. Bei der Klassifizierung von Speicherfolien werden die System-Klassen durch „Leistungsstufen" (performance levels) ersetzt. ASTM E 2446 wurde revidiert (2016) und ISO 16731-1 und EN 14784-1 sollen entsprechend angepasst werden. Zusätzlich zum erreichbaren SNR_N werden die erreichbare Basisortsauflösung iSR_b und EPS (equivalent penetrameter sensitivity, äquivalente Bildgüte) berücksichtigt, um eine bessere Charakterisierung zu ermöglichen. Die Ergebnisse werden in einem „Spidernet-Graph" ähnlich wie bei ASTM E 2597M für DDAs zusammengefasst. Die Anforderungen der EN 14784-2 (allgemeine Regeln zur Prüfung mit Speicherfolien) werden unter Berücksichtigung der Unschärfegrenzen der ISO 17636-2 angepasst und der Standard wird zur EN ISO 16731-2 überführt. Die Standards zur Durchstrahlungsprüfung auf Korrosion und Ablagerungen in Rohren mit Röntgen- und Gammastrahlen (EN 16407-1, -2, 2014) wurden ebenfalls revidiert. Bei Teil 1 wurde zusätzlich eine Prozedur zur Bestimmung der minimalen Wanddicke hinzugefügt. Dieser Entwurf wird voraussichtlich 2017 als EN ISO 20769-1, -2 veröffentlicht. Die Revision der Standards EN 12543 und EN 12679 zur Messung der Brennfleckgröße und der Strahlergröße ist mit Verzögerung in Überarbeitung, um die digitalen Detektoren und Messmöglichkeiten mit Bildverarbeitungsprogrammen zu berücksichtigen. Ein Entwurf zur Messung der Brennfleckgröße von nano-Fokusröhren ist derzeit in Vorbereitung in Zusammenarbeit mit dem Fachausschuss Durchstrahlungsprüfung der DGZfP. Mit verbesserter Ortsauflösung von digitalen Detektoren in der ZfP wurde ein neuer Doppeldraht-BPK entwickelt, der nun kommerziell verfügbar ist. Dazu wurde bereits die ASTM E 2002 revidiert (2015) und es wird nun auch EN ISO 19232-5 entsprechend angepasst. In 2011/12 wurden 4 neue Standards zur Computer-Tomographie veröffentlicht, EN 16016 Teil 1-4. Diese Standards wurden mit leichten Modifikationen bei ISO eingereicht und werden 2016/17 als EN ISO 15708 Teil 1-4 veröffentlicht. Zur radiographischen Gussteilprüfung befindet sich der Standard EN 12681 derzeit in Revision, um auch die digitale Radiographie zu berücksichtigen. Dazu wurde der Teil 2 entworfen und eingereicht. Die Anforderungen an die Prüfklassen A und B wurden für die Prüfung mit digitalen Detektoren als Filmersatz neu definiert. Zwei neue Prüfklassen, A_A und B_A, wurden zusätzlich definiert, um die Vorteile der automatischen Gussteilprüfung zu berücksichtigen, die mit reduzierter Unschärfe und verbesserter Bildauswertung erfolgen kann. Weiterhin wird durch eine Revision der ASTM E 747 die abweichende Umrechnung von Locherkennbarkeit und Drahterkennbarkeit in den ISO-, ASME- und ASTM-Standards, sowie dem französischem RCC-M-Code revidiert. Das International Institute of Welding (IIW) entwirft und revidiert seit einigen Jahren auch internationale Standards. Die IIW-Schweißnahtkataloge auf der Basis der ISO 5817 wurden weiterentwickelt und stehen jetzt auch digital zur Verfügung.

BAM

Bundesanstalt für Materialforschung und -prüfung

Sicherheit in Technik und Chemie

30.03.2017

NEUE STANDARDS ZUR DIGITALEN RADIOGRAPHIE UND QUALIFIZIERUNG VON DETEKTOREN

Uwe Ewert, Uwe Zscherpel

Bundesanstalt für Materialforschung und -prüfung (BAM), Berlin, Germany

RT – Standard-Komitees

BAM

- Ausgewählte RT-Standards folgender Komitees werden diskutiert:
  - **ISO**
    - **TC 135** (ZfP), TC 44 (Schweißen)
    - **TC 86** (Kernenergie, Strahlenschutz)
    - **TC 213** (dimensionelle und geometrische Produktspezifikation)
  - **ASTM E 07** (ZfP, Durchstrahlungsverfahren)
  - **CEN TC 138** (ZfP), **TC 190** (Guss)
  - **DIN**
    - NA 062-07-47 AA (Kerntechnik und Strahlenschutz)
    - NA 062-08-22 AA (Durchstrahlungsprüfung)

30.03.2017 Standards zur Digitalen Radiographie und Qualifizierung von Detektoren 2

ISO 17636 Schweißnahtprüfung

- Unzureichende Info zu Zentralaufnahme mit BPK außen.
- Teil 2 Digitale Radiographie
  - Probleme bei Gamma- und Hochenergie-Radiographie
  - Berechnung des SOD (FOD) zu kompliziert.

- Revision geplant in 2018 in ISO TC 44 SC 5 WG1

Revision von ISO 10675-1, -2
Zulässigkeitsgrenzen für Schweißnahtprüfung

Revision of ISO 10675-1, Acceptance levels (Zulässigkeitsgrenzen) for radiographic testing — Part 1: Steel, nickel, titanium ..., **May 2016**

Review von ISO 10675-2 Acceptance Levels (Zulässigkeitsgrenzen) for radiographic testing - Part 2: Aluminium and its alloys, **Nov. 2016**

Änderung der Bewertung von Porennestern und Porenzeilen

ISO: New Work Item – neuer Entwurf

BAM

Wiederkehrende Prüfung von Schweißnähten in der Kerntechnik
ISO TC 85 SC 6

"Nuclear energy, nuclear technologies, and radiological protection", SC 6 "Reactor technology"

Die Standard-Serie unterteilt sich in folgende Teile:

- Part 1: Mechanized ultrasonic testing
- Part 2: Magnetic particle testing and penetrant testing
- Part 3: Hydrostatic testing
- Part 4: Visual testing
- Part 5: Eddy current testing of steam generator heating tubes
- Part 6: Radiographic testing

Übernommen von DIN 25435 Teil 1-7 (2014), Wiederkehrende Prüfungen der Komponenten des Primärkreises von Leichtwasserreaktoren

Abweichende Aufnahmegeometrie

BAM

Senkrecht - Anordnung

Part 6: Radiographic testing

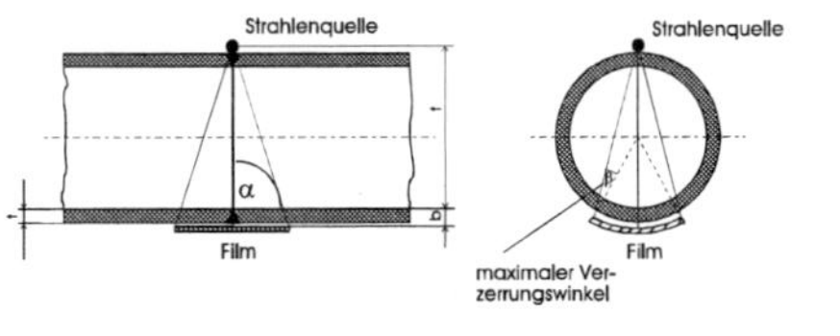

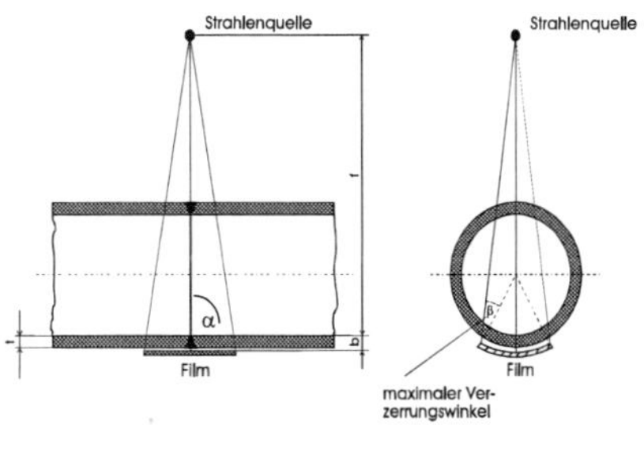

$\alpha = 90° \pm 5°$
$\beta = 0° \pm 15°$
or
$\beta = 0° \pm 10°$

ASTM E07, ISO TC 135
Neues CR „Klassifizierungsschema"

BAM

Neu: EPS: equivalent penetrameter sensitivity
äquivalente Bildgüteprüfkörperempfindlichkeit in %

Neues Charakterisierungsschema: Leistungsstufen (Performance Levels) ersetzen die Klassifizierung in der ASTM E 2446 (veröffentlicht November 2016).

Aktuell Revision der ISO 16731-1 (EN 14784-1).

CR System Performance CR Leistungs-stufen	Minimum SNR_N (normalized to SR_b=88.6 µm)	Maximum $iSR_b^{detector}$ value [µm]	Maximum achieved EPS by E 746 [%]
CR Special	200	50	1.00
CR Level I	100	100	1.41
CR Level II	70	160	1.66
CR Level III	50	200	1.92

ASTM E 2446
Charakterisierung: "Spidernet" Graph zur Darstellung

BAM

Aktuell Revision der ISO 16731-1 (EN 14784-1).

IP type:	**HR Fast**
Scanner type:	**XYZ**
Scan Parameter:	
- *Scan Mode "BAM"*	
- Pixel size:	20 µm
- Laser intensity:	5
- PMT voltage:	620 V
- Slow scan speed: 5 ms per line	
- Fast scan speed: 2.5 µs per pixel	

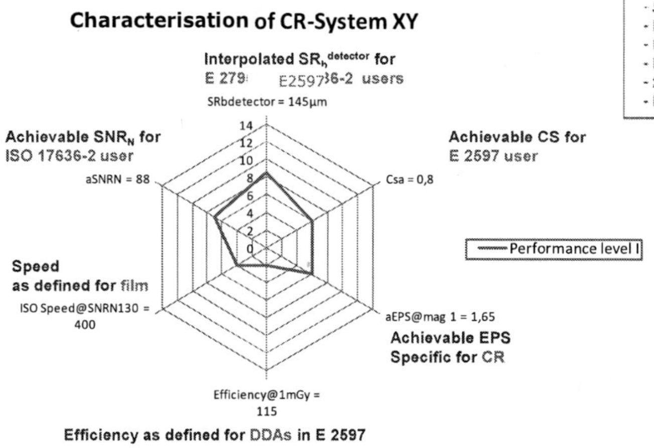

ASTM E07: Bildgüte-Prüfkörper für die Bildqualitätsbewertung

BAM

EPS – Procedure of ASTM E 2445/6

- Die EPS- (equivalent penetrameter sensitivity) Messung basiert auf E 746.
- Eine 19 mm Stahlplatte mit Bildgütekörpern mit Löchern verschiedener Durchmesser ist radiographisch untersucht und bewertet.

– Die Belichtung wird mit verschiedenen mA·min durchgeführt.
– Grafiken zur Locherkennbarkeit werden erstellt zur Bewertung.

$$EPS(\%) = \frac{2 \cdot 100}{w} \cdot \sqrt{\frac{SR_b^{image}}{\mu_{eff} \cdot SNR}}$$

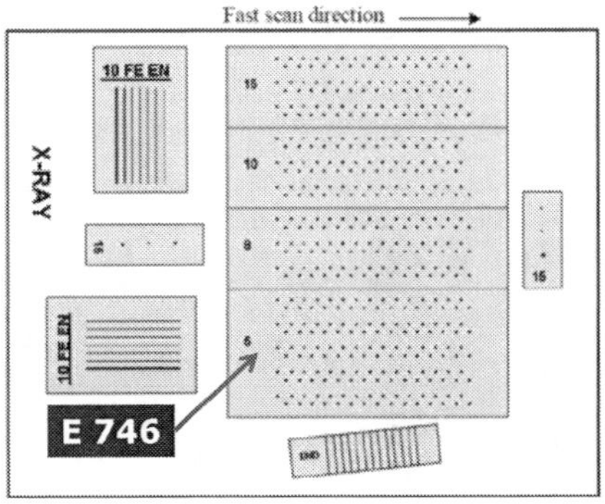

μ_{eff} *for 200 kV and 19 mm Fe is about 0,05 mm*$^{-1}$

Beispiel: EPS -Test mit DÜRR CR scanner, 20 µm Pixel-Größe

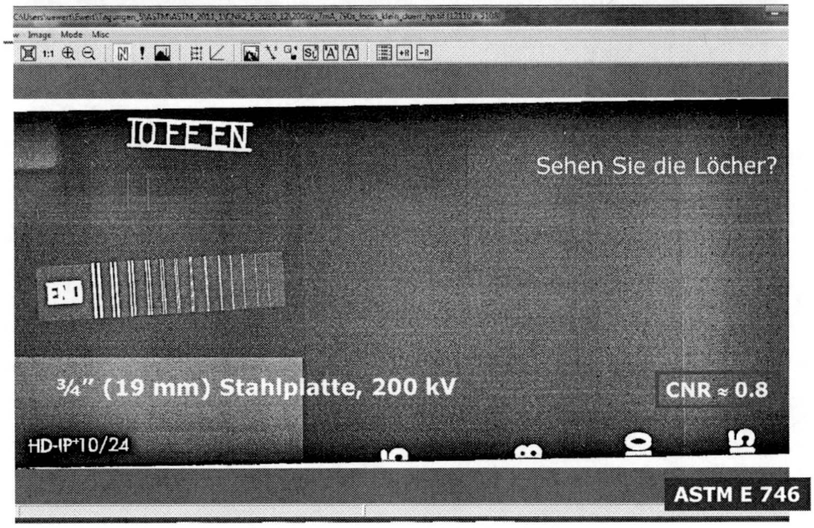

Revision des Standards für Computed Radiography (Speicherfolien), *allgemeine Regeln*

BAM

EN ISO NP 16371-2 als Ersatz für EN 14784-2

Non-destructive testing -- Industrial computed radiography with storage phosphor imaging plates -- Part 2: **General principles for testing of metallic materials using X-rays and gamma rays**

Letztes Meeting von TC 138 WG 1 in Berlin, **Sept. 15th -16th , 2016.** Finale Revision zur Abstimmung geschickt.

Tabellen B.13, B.14 aus ISO 17636-2 wurden übernommen

Image Quality Class B		
Penetrated thickness w	Maximum IQI value and maximum unsharpness^b (ISO 19232-5)	Maximum basic spatial resolution in mm (equivalent to wire thickness and spacing)
mm	mm	mm
t ≤ 1,5	D 13+ 0,08	0,04
1,5 < t ≤ 4	D 13 0,10	0,050
4 < t ≤ 8	D 12 0,125	0,063
...	...	...

Maximum image unsharpness for all techniques, Class B

ASTM E 07 DDA „Klassifizierungsschema" Digitale Matrix-Detektoren (DDA)

BAM

DDA

Qualifizierung durch ASTM E 2597M

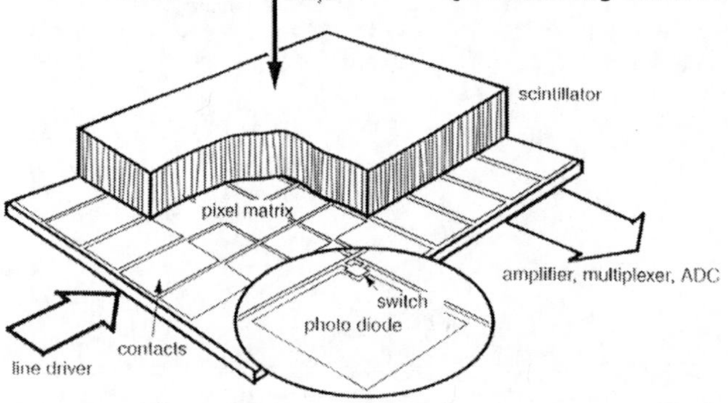

ASTM E 2597M
Qualifizierung von Digitalen Matrixdetektoren

BAM

DDA- Qualifizierung erfolgt durch verschiedene Tests der ASTM E 2597M.

Fünf relevante Parameter werden im Spinnennetz-Diagramm angegeben:

- Basis-Ortsauflösung (SR_b)
- Spezifischer Materialdicken-Bereich
- Effizienz
- "Nachleuchten" (image lag)
- Kontrastempfindlichkeit

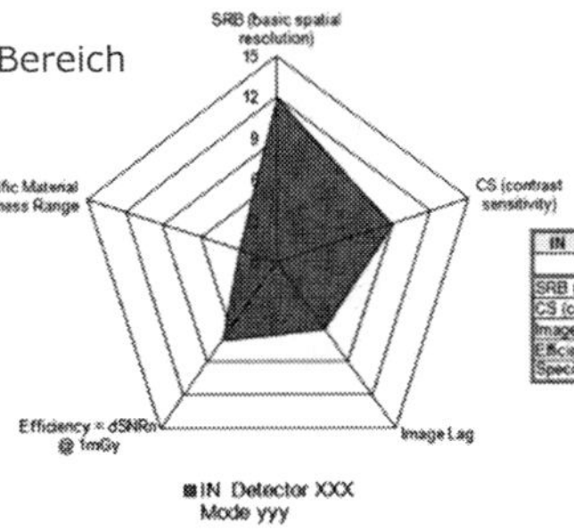

IN Detector XXX Mode yyy Parameter		Value	Quality Number
SRB (basic spatial resolution)	[µm]	67	12
CS (contrast sensitivity)	[%]	0.38	9
Image Lag	[%]	0.72	6
Efficiency = dSNRn @ 1mGy		470	7
Specific Material Thickness Range	[mm]	4.2	3

12a. Example DDA potentially suitable for weld inspection.

Qualifizierung nach ASTM E 2597M

CEN TC 138, ISO TC 135
Korrosion, Ablagerungen und Wanddicken-Messung (2014, 2017)

BAM

Zwei Standardteile (Teil 1 und 2) für Filmtechnik und Digitale Radiographie

- **EN 16407-1** (2014), Zerstörungsfreie Prüfung - Durchstrahlungsprüfung auf Korrosion und Ablagerungen in Rohren mit Röntgen- und Gammastrahlen - Teil 1: Tangentiale Durchstrahlungsprüfung

- **EN 16407-2** (2014), Zerstörungsfreie Prüfung - Durchstrahlungsprüfung auf Korrosion und Ablagerungen in Rohren mit Röntgen- und Gammastrahlen - Teil 2: Doppelwand-Durchstrahlungsprüfung

- ***Eingereicht bei ISO mit Modifikationen***
- ***→ ISO 20769-1, -2***
- ***Geplante Veröffentlichung als DIN EN ISO in 2017***

Bestimmung der minimalen Wanddicke (2017)

BAM

EN 16407-1 (2014) → ISO 20769 (2017), Zerstörungsfreie Prüfung - Durchstrahlungsprüfung auf Korrosion und Ablagerungen in Rohren mit Röntgen- und Gammastrahlen - Teil 1: Tangentiale Durchstrahlungsprüfung

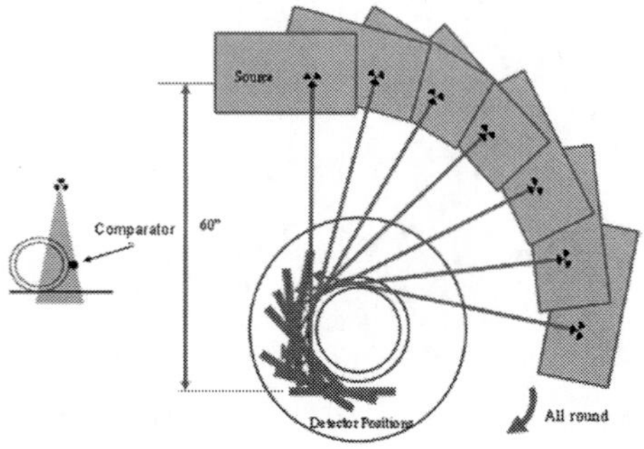

Scan of complete circumference
McNab, Oceaneering
Wording, S. Burch, HOIS

Korrosion, Ablagerungen und Wanddicken-Messung (2014)

BAM

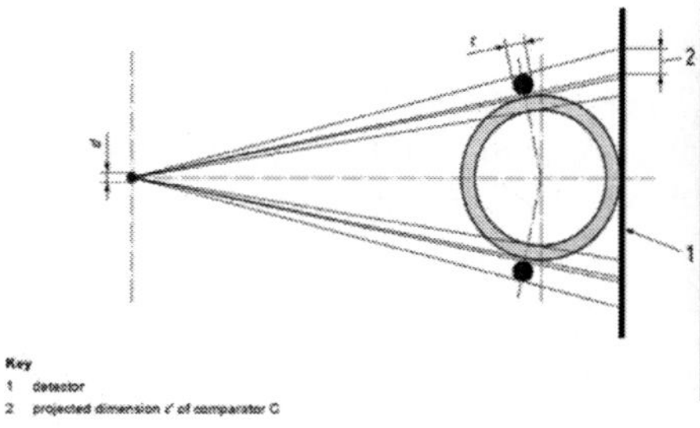

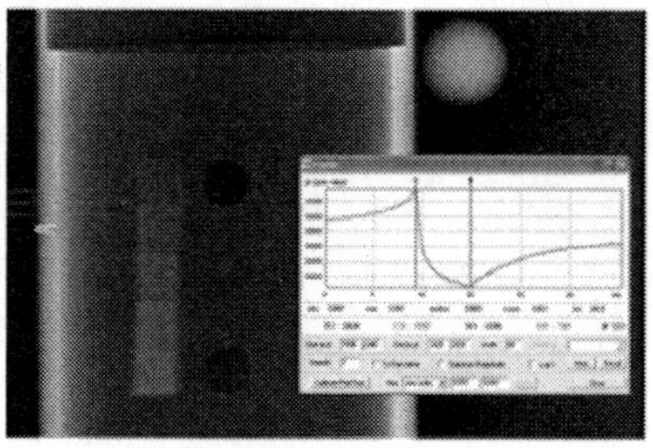

EN 16407-1 Tangential-Technik:
Absolute Wanddickenmessung durch interaktive Vermessung der projizierten Mantellinien nach Kalibrierung der Vergrößerung

Korrosion, Ablagerungen und Wanddicken-Messung (2014)

BAM

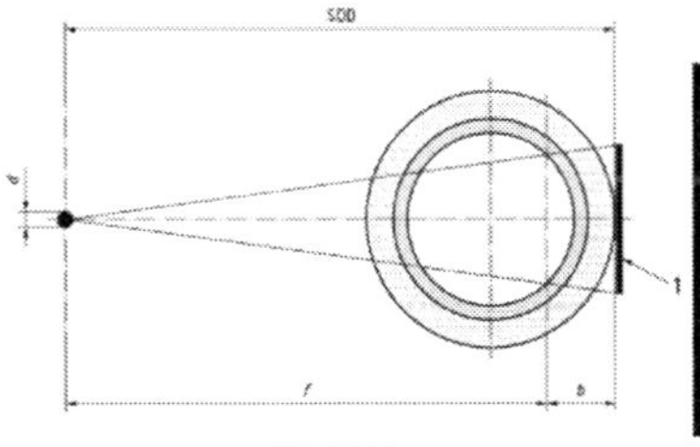

b) insulated pipe

Key
1 detector

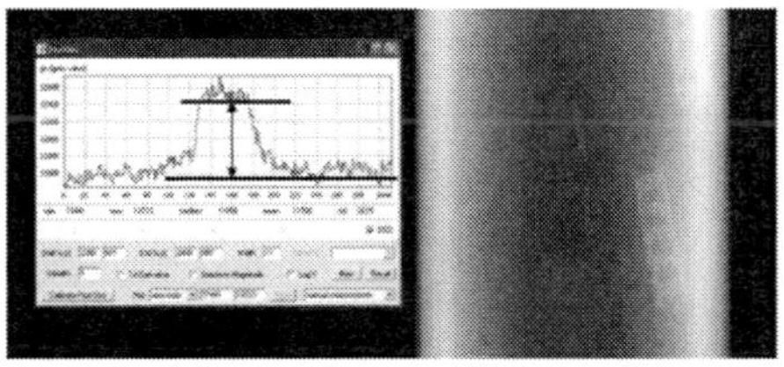

EN 16407-2 Doppelwand-Technik:
Relative Messung der Wanddickenänderung in Durchstrahlungsrichtung nach Bestimmung des effektiven Schwächungskoeffizienten

30.03.2017 Standards zur Digitalen Radiographie und Qualifizierung von Detektoren 17

CEN TC 138 WG 1 Brennfleckmessung

BAM

EN 12543-1
NDT - Characteristics of focal spots in industrial X - ray tube assemblies for use in NDT: - Part 1: Scanning method **To be deleted**

EN 12543-2 - Part 2: Pinhole camera radiographic method
Revision available and harmonized with ASTM E 1165: 2012

EN 12543-3 - Part 3: Slit camera radiographic method **To be revised**

EN 12543-4 - Part 4: Edge method
Revision available and harmonized with ASTM E 1165: 2012, new procedure!

EN 12543-5 - Part 5: Measurement of the effective focal spot size of mini and micro focus X - ray **tubes**
Revised and harmonization with ASTM E 2903:2013

New Draft: EN 12543-5 - Part 6:
Measurement of the effective focal spot size of micro focus X-ray tubes below 5μm (nano-focus tubes)
Draft available. Round Robin Tests are ongoing.
Method under critical discussion!

30.03.2017 Standards zur Digitalen Radiographie und Qualifizierung von Detektoren 18

Doppeldraht BPK und neue *ASTM E 2002-15* *zum Ersatz für ISO 19232-5*

BAM

Bewertung der Unschärfe, Basisortsauflösung und Linienpaare/mm

1. Visuelle Bewertung
2. Bewertung digitaler Bilder mit Profilfunktion
3. Bewertung digitaler Bilder mit Profilfunktion und Interpolation/Approximation

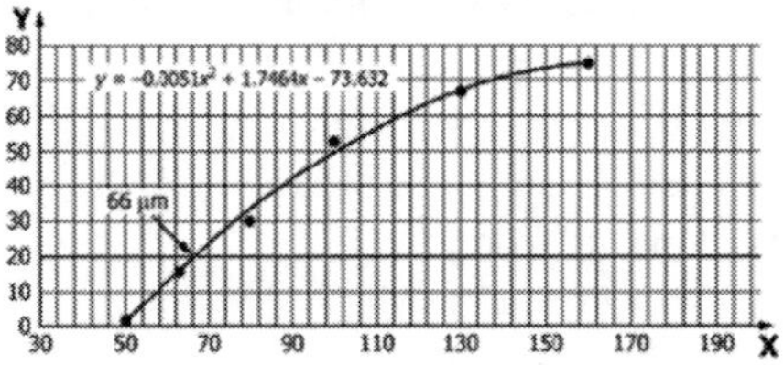

Bestimmung der interpolierten Unschärfe und Basisortsauflösung

X- Basisortsauflösung
Y - Modulationstiefe

Doppeldraht BPK: ASTM E2002-15 Neue Tabelle

BAM

Wire Material	Duplex Wire Number	Corresponding Unsharpness value U_T (mm)	Corresponding Basic Spatial Resolution SR_b value (mm)[D]	Corresponding linepair value (lp/mm)	Wire Diameter and Spacing, d (mm)	Tolerance of Wire Diameter and Wire Spacing (mm)
Pt[B]	D 13	0.10	0.050	10.0	0.050	±0.005
Pt	D 12	0.13	0.063	7.94	0.063	
Pt	D 11	0.16	0.080	6.25	0.08	
Pt	D 10	0.20	0.100	5.00	0.10	
Pt	D 9	0.26	0.130	3.85	0.13	
Pt	D 8	0.32	0.160	3.13	0.16	±0.01
Pt	D 7	0.40	0.200	2.50	0.20	
Pt	D 6	0.50	0.250	2.00	0.25	
Pt	D 5	0.64	0.320	1.56	0.32	
Pt	D 4	0.80	0.400	1.25	0.40	
W[C]	D 3	1.00	0.500	1.00	0.50	±0.02
W	D 2	1.26	0.630	0.79	0.63	
W	D 1	1.60	0.800	0.63	0.80	

TABLE 1 Duplex Wire Number, Corresponding Total Unsharpness, Basic Spatial Resolution, Linepair Readings and Wire Diameters and its Tolerances[A]

[A] This table is based on data provided in ISO 19232-5: 2013. All unsharpness values are rounded to two digits after the dot.
[B] Pt = Platinum.
[C] W = Tungsten.
[D] For conversion of the SR_b-values to µm, multiply values which are given in mm by 1000.

Neuer hochauflösender Doppeldraht BPK

BAM

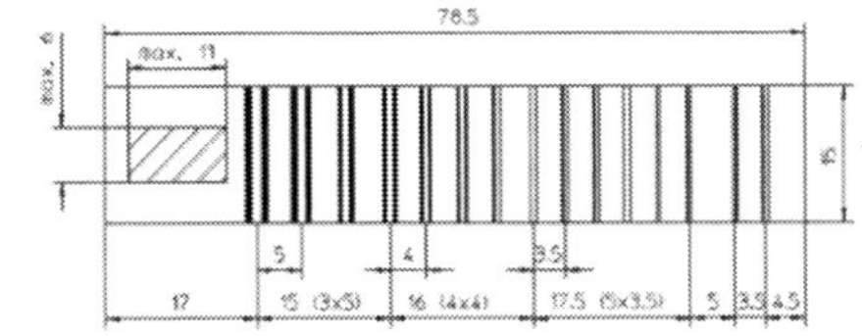

2 (- 4) new wire pairs

High Resolution IQI with increased measurement range

New figure

Wire Material	Duplex Wire Number	Corresponding Unsharpness value U_T (mm)	Corresponding Basic Spatial Resolution SR_b value (mm)[B]	Corresponding linepair value (lp/mm)	Wire Diameter and Spacing, *d* (mm)	Tolerance of Wire Diameter and Wire Spacing (mm)
Pt[A]	D 18	0.032	0.016	31.3	0.016	
Pt	D 17	0.040	0.020	25.0	0.020	
Pt	D 16	0.050	0.025	20.0	0.025	±15%
Pt	D 15	0.063	0.032	15.9	0.032	
Pt	D 14	0.080	0.040	12.5	0.040	

30.03.2017 Standards zur Digitalen Radiographie und Qualifizierung von Detektoren 21

CEN TC 138 WG 1, ISO TC 135 SC 5, TC 213 Computer-Tomographie

BAM

EN 16016 1 – 4: 2011/12 Computed Tomography. Angenommen von ISO zum Ersatz der aktuellen CT-Standards.

ISO 15708 1 - 4:2016/17 Non-destructive testing -- Radiation methods -- Computed tomography -- Part 1 – 4

ISO TC 213 neuer Entwurf zum dimensionellen Messen. Siehe auch VdI/VdE-Standards 2630 Teil 1 - 4

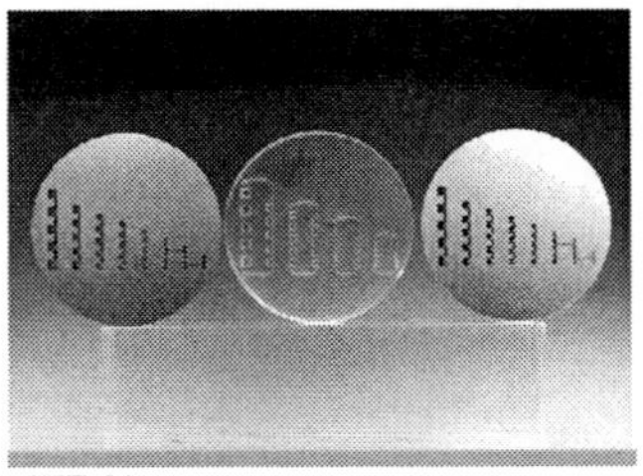

MTF-Messung

Cupping-Effekt

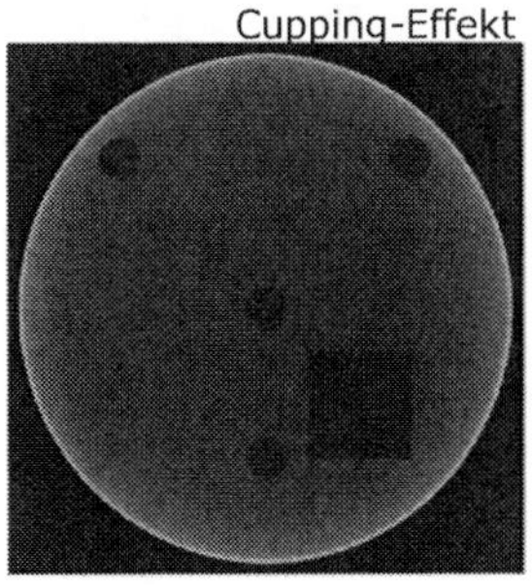

30.03.2017 Standards zur Digitalen Radiographie und Qualifizierung von Detektoren 22

CEN TC 190 WG 10
Neue Guss-Prüfnormen EN 12681-1, -2

BAM

- Prüftechiken:
  - Class A: basic techniques;
  - Class B: improved techniques.

- Bildgüteanforderungen nach ISO 19232-3, Tabellen 1 – 4,
- Reduktion der Anforderungen für Klasse B
- keine Doppelwandtabellen
- Angaben zu IQI „filmnah"
- IQI „filmnah" nur bei "Zustimmung des Auftraggebers".
- Ausnahmen für Serienprüfung

30.03.2017 Standards zur Digitalen Radiographie und Qualifizierung von Detektoren 23

CEN TC 190 WG 10
Neue Guss-Prüfnormen EN 12681-1, -2

BAM

- Revision der EN 12681, **Gussprüfung: Endabstimmung und Veröffentlichung in 2017 geplant**
- Teil 1: Founding — Radiographic testing — Part 1: Film techniques
- Teil 2: Founding — Radiographic testing — Part 2: Techniques with digital detectors
  - Neue Prüfklassen für digitale Radiographie
  - Class A_A: basic automated technique.
  - Class B_A: improved automated technique.
- Anwendung von Prüfklasse A oder A_A, falls nicht anders in der Spezifikation gefordert.

Neue Bildgüteanforderungen in Klasse A und B

Die Klassen A_A und B_A sind Anforderungen an die
- automatische und halb-automatische radiographische Prüfung mit DDAs sowie
- Computer oder Operator basierter Bildauswertung, sowie dem Einsatz von mini- oder mikro-Fokus-Röhren (Brennfleck ≤ 1 mm) mit reduzierten Anforderungen an die Unschärfe bei gleicher Kontrastempfindlichkeit.

30.03.2017 Standards zur Digitalen Radiographie und Qualifizierung von Detektoren 24

CEN TC 190 WG 10
Neue Guss-Prüfnormen EN 12681-1, -2

BAM

Neue Tabellen zur Kontrastempfindlichkeit

Table A.2 — Image quality requirements for testing class B and B_A

Penetrated thickness		Minimum wire IQI value	Maximum step hole IQI value	Minimum wire IQI value	Maximum step hole IQI value
lower thickness limit mm	upper thickness limit mm	IQI at source side		IQI at detector side[a,b]	
	2	W 18	H 2	W 18	H 2
> 2	3,5	W 17	H 3	W 17	H 3
> 3,5	5	W 16	H 4	W 16	H 4
> 5	7	W 15	H 5	W 15	H 5
> 7	10	W 14	H 6	W 14	H 6
> 10	15	W 13	H 7	W 13	H 7
> 15	25	W 12	H 8	W 12	H 8
> 25	32	W 11	H 9	W 11	H 9
> 32	40	W 10	H 10	W 11	H 9
> 40	55	W 9	H 11	W 10	H 10
> 55	85	W 8	H 12	W 9	H 11
> 85	150	W 7	H 13	W 8	H 12
> 150	200	W 6	H 14	W 7	H 13
> 200	250	W 5	H 15	W 7	H 13
> 250	380	W 4	H 15	W 7	H 13
> 380		W 3	H 16	W 7	H 13

[a] IQI may be located on detector side only, if positioning on source side is not possible.

[b] These values apply only, if object and detector are in contact or in close distance. It does not apply if magnification technique is applied with magnification $v > 1{,}5$ of object detector side.

CEN TC 190 WG 10
Neue Guss-Prüfnormen EN 12681-1, -2

BAM

Ortsauflösung in Klasse A_A und B_A für digitale Radiographie

Consider the good workmanship quality for casting applications with

→ **automated or semi-automated radiographic testing systems with DDAs and mini or micro focus tubes in magnification technique.** These techniques may be used in industry for fast testing of castings, **mainly in serial part testing in class A_A or A_B.**

Table A.4 — Maximum image unsharpness u_{im} and SR_b^{image} for all automated and semi-automated techniques

Lower thickness[b] limit mm	Upper thickness[b] limit mm	Class A_A Minimum DW value	Maximum $SR_b^{image\,a}$ Mm	Class A Minimum DW value	Maximum $SR_b^{image\,a}$ mm	Class B_A Minimum DW value	Maximum $SR_b^{image\,a}$ mm	Class B Minimum DW value	Maximum $SR_b^{image\,a}$ mm
	2	D 11	0,08	D 12	0,063	D 13	0,05	D 13+	0,04
> 2	5	D 9	0,125	D 10	0,1	D 12	0,063	D 13	0,05
> 5	10	D 8	0,16	D 9	0,125	D 11	0,08	D 12	0,063
> 10	24	D 7	0,2	D 8	0,16	D 10	0,1	D 11	0,08
> 24	40	D 6	0,32	D 7	0,2	D 9	0,13	D 10	0,1
> 40	55	D 6	0,32	D 7	0,2	D 8	0,16	D 9	0,13
> 55	85	D 5	0,4	D 6	0,32	D 8	0,16	D 9	0,13
> 85	150	D 5	0,4	D 6	0,32	D 7	0,2	D 8	0,16
> 150	200	D 4	0,5	D 5	0,4	D 7	0,2	D 8	0,16
> 200	250	D 4	0,5	D 5	0,4	D 6	0,32	D 7	0,2
> 250	380	D 3	0,63	D 4	0,5	D 6	0,32	D 7	0,2
> 380		D 3	0,63	D 4	0,5	D 5	0,4	D 6	0,32

NOTE "D 13+" is achieved if the duplex wire pair "D 13" is resolved with a dip larger than 20 %.

[a] The image unsharpness u_{im} corresponds to $u_{im} = 2 \cdot SR_b^{image}$

[b] For double wall technique, single image, the nominal thickness t shall be used instead of the penetrated thickness w.

Draht und Locherkennbarkeit

Revision von ASTM E 747 und ASME BPVC Section V, Art. 2

BAM

Offensichtlich sind die Tabellen und Formeln von

ASME BPVC Section V, Art. 2 und ASTM E 747 *nicht korrekt.*

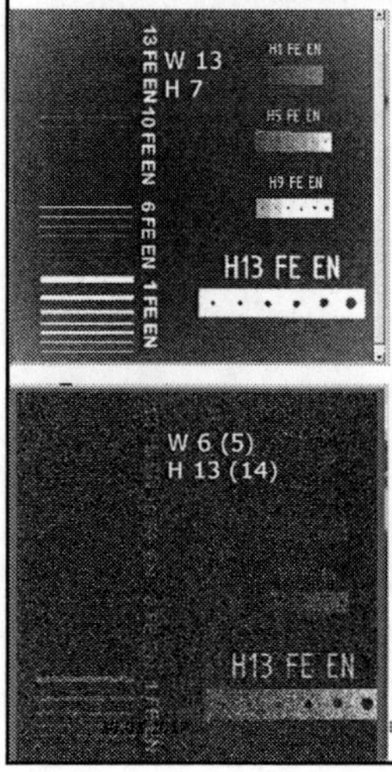

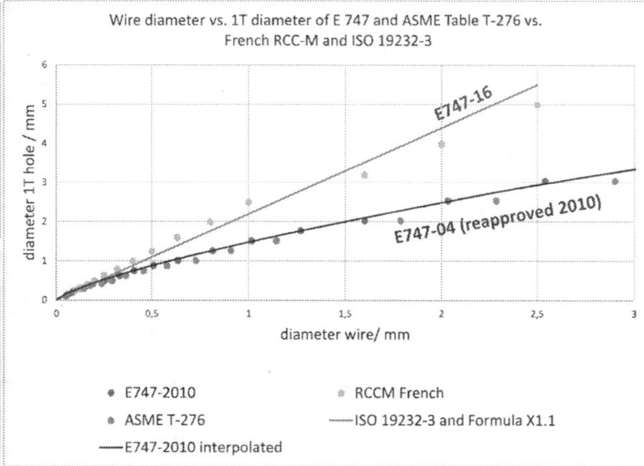

...r Digitalen Radiographie und Qualifizierung von Detektoren 27

IIW
Neue Röntgen-Schweißnaht-Kataloge

BAM

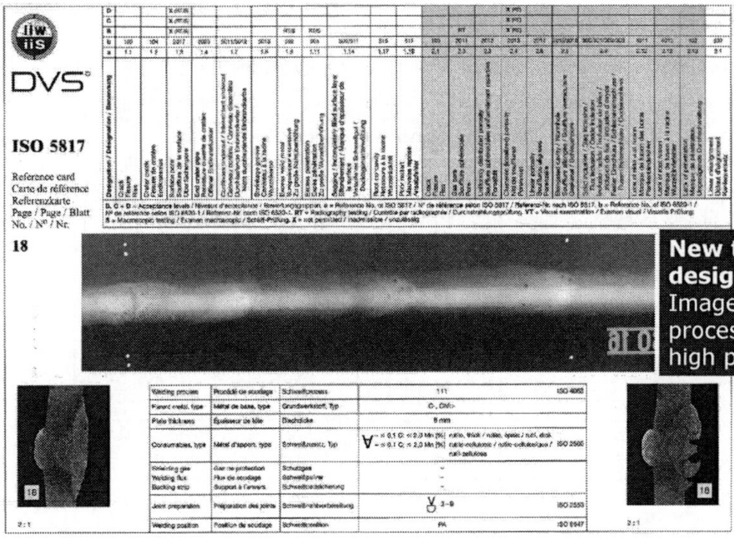

New tablet PC design
Image processing: high pass filters

30.03.2017 Standards zur Digitalen Radiographie und Qualifizierung von Detektoren 28

IIW
Neue Röntgen-Schweißnaht-Kataloge

BAM

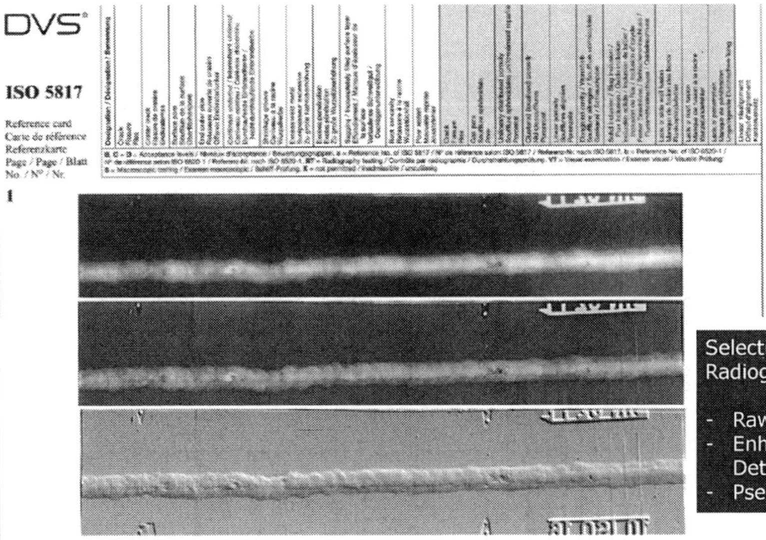

Selection of Radiographs:

- Raw image
- Enhance Details
- Pseudo plast

BAM

Sicherheit in Technik und Chemie

ENDE

Fragen... ?

Das neue Strahlenschutzgesetz - Was bedeutet dies für die Radiographie? - aus dem Blick einer Landesbehörde

Dr. Joachim LORENZ [1]
[1] Sächsisches Staatsministerium für Umwelt und Landwirtschaft,
Archivstr. 1, 01097 Dresden
Kontakt E-Mail: joachim.lorenz1@smul.sachsen.de

Kurzfassung. Die Umsetzung der Richtlinie 2013/59/EURATOM wird vom deutschen Gesetzgeber, dem Bundesumweltministerium -BMUB- zum Anlass genommen werden, das deutsche Strahlenschutzrecht zu modernisieren. Damit kommen neue Aufgaben auf die Strahlenschutzverwaltung des Freistaates Sachsen hinzu. Begrüßt wird die Zusammenlegung von Strahlenschutz- und Röntgenverordnung in einer gemeinsamen Vorschrift. Anhand des vorliegenden Gesetzesentwurfes für das neue Strahlenschutzgesetz vom 27.01.2017 (Drucksache 86/17 Bundesrat) und der Bestimmungen (Artikel) der Richtlinie 2013/59/EURATOM werden die neuen Aufgabenerweiterungen der Anwendung von radioaktiven Stoffen auf dem Gebiet der Radiographie abgeschätzt.

1. Einführung

Der Koalitionsvertrag [1] der Bundesregierung „Deutschlands Zukunft gestalten" sieht vor, dass das Strahlenschutzrecht modernisiert wird. Inhaltliche Vorgaben ergeben sich aus der Umsetzung der Richtlinie 2013/59/EURATOM [2], die gemäß Artikel 106 der Richtlinie bis 6. Februar 2018 in nationale Recht- und Verwaltungsvorschriften umzusetzen ist. Die o. g. Richtlinie berücksichtigt unter anderem auf der Grundlage der Veröffentlichung der internationalen Strahlenschutzkommission (ICRP 103 [3]) die neuen wissenschaftlichen Erkenntnisse für den Schutz gegen die schädliche Wirkung ionisierender Strahlung und führt weitere EU-Richtlinien zusammen.

Weitere Punkte aus der aktuellen Rechtsprechung zum Strahlenschutz und aus Problemen vom Vollzug der Strahlenschutz- und Röntgenverordnung im Rahmen der Bundesauftragsverwaltung in den Bundesländern sollen bei der Neufassung des Strahlenschutzrechtes berücksichtigt werden. Durch die Umsetzung der Richtlinie 2013/59/Euratom in deutsches Strahlenschutzrecht werden neben der Neuordnung bisher schon geregelter Sachverhalte auch völlig neue Aufgaben für die staatliche Überwachung aufgenommen.

Schwerpunkte für die Strahlenschutzverwaltung in Sachsen im Zusammenhang mit der anstehenden Novellierung des Strahlenschutzrechtes sind:

- Ablösung des § 118 der zurzeit geltenden Strahlenschutzverordnung [3] und Ablösung der nach Artikel 3 des Einigungsvertrages fortgeltenden Vorordnung über die Gewährleistung des Strahlenschutzes der früheren DDR für Sanierung der Hinterlassenschaften der Wismut GmbH [4] [5],

Lizenz: http://creativecommons.org/licenses/by/3.0/de/

- neue Aufgaben bei der Überwachung der Radioaktivität in Baustoffen,
- neue Pflichten und Anordnungsbefugnisse für Behörden zur Untersuchung und angemessenen Bewältigung von radiologischen Altlastensituationen,
- die Berücksichtigung der Strahlenexposition durch Radon in Gebäuden (Wohnungen, öffentliche Gebäude, Arbeitsplätze), wobei eine Informationspflicht über Radonschutzmaßnahmen eingeführt wird,
- die Erarbeitung von öffentlich zugänglichen Inspektionsprogrammen beim Vollzug und die Veröffentlichung der wichtigsten Erkenntnisse aus der Inspektion,
- die Einführung von Regelungen zur Detektion von kontaminierten Metallen (z. B bei Altmetallbetrieben) einschließlich der gesetzlichen Pflicht zur Schulung von dort Tätigen,
- die umfassende Neugestaltung bei der Aufstellung von Notfallplänen im Rahmen der Strahlenschutznotfallplanung und zur Schulung dort tätiger Personen,
- die Erweiterung des Aufgabenspektrums bei der Kontrolle und der Auswertung von Problemen bei der zielgerechten Anwendung von ionisierender Strahlung in der Medizin und
- Änderungen bei den Freigrenzen und der Freigabe radioaktiver Stoffe und
- Herabsetzung des Grenzwertes für das Auge.

Die nationale Rechtssetzung durch ein Strahlenschutzgesetz mit den ausführenden Verordnungen wird zurzeit auf Arbeitsebene vorangetrieben. Das federführende Bundesministerium für Umwelt, Naturschutz, Reaktorsicherheit und Bau bindet die Länder dabei in konstruktiver Weise ein. Begrüßt wird die Zusammenlegung von Strahlenschutz- und Röntgenverordnung [6] in einer gemeinsamen Vorschrift. In Bund-Länderarbeitsgruppen wurden bestimmte Sachverhalte vorab besprochen. Die Struktur der Richtlinie 2013/59 Euratom spiegelt sich im Entwurf des Strahlenschutzgesetzes [7] wider:

- **Geplante** Expositionssituationen (einschließlich der jetzigen Arbeiten gemäß §§ 95 ff der jetzigen StrlSchV),
- **Notfall**-Expositionssituationen und
- **bestehende** Expositionssituationen.

Im Folgenden wird die Umsetzung der Richtlinie 2013/59/EURATOM im Entwurf eines neuen Strahlenschutzgesetzes [7] näher besprochen und die Auswirkungen auf den Umgang mit radioaktiven Stoffen im Rahmen der Gammaradiographie dargestellt.

2. Expositionssituationen

Die Begriffe der drei oben genannten Expositionssituationen werden wie folgt definiert:

Tabelle 1 Expositionssituationen

Expositionssituationen		
Geplante	**Notfall**	**Bestehende**
Expositionssituationen, die durch Tätigkeiten entstehen, so dass eine Exposition von Menschen verursacht wird oder verursacht werden kann	Expositionssituationen infolge eines Notfalles, solange die Situation nicht eine „Bestehende Expositionssituationen„ ist	Expositionssituationen, die bereits bestehen, wenn eine Entscheidung über ihre Kontrolle getroffen werden muss

Tabelle 2 Umsetzung im StrlSchG-E [7] Expositionssituationen Referenz- und Grenzwerte

Expositionssituationen	Strahlenschutz bei **geplanten Expositionssituationen** Teil 2 StrlSchG Entwurf	Strahlenschutz bei **Notfallexpositions-situationenl** Teil 3 StrlSchG Entwurf	Strahlenschutz bei **bestehenden Expositionssituationen** Teil 4 StrlSchG Entwurf
Grenzwerte	neu Auge 20 mSv 1 mSv Bevölkerung 20 mSv Beruf 400 mSv Lebensdosis Beruf	nein	nein
Referenzwerte	(1) Medizinisch diagnostische Referenzwerte, die das BfS erstellt (2) bei Arbeiten	Bereich 20-100 mSv	nach Notfall wenn 20 mSv unterschritten und 1 mSv überschritten

2.1 geplante Expositionssituation

Für die geplanten Tätigkeitsarten gelten wie bis her in der StrlSchV und RöV die Strahlenschutzgrundsätze:
- Rechtfertigung von Tätigkeitsarten,
- Vermeidung unnötiger Exposition und Dosisreduzierung und
- Dosisbegrenzung.

Neu im StrlSchG E [7] ist:
- ein Verfahren zur Überprüfung der Rechtfertigung einer Tätigkeitsart durch das Bundesamt für Strahlenschutz innerhalb eines Zeitraumes von 12 Monaten. (Sachsen ist für die Reduzierung dieser Frist auf 6 Monate).
- Für die Genehmigung im Bereich der Beförderung radioaktiver Stoffe ist ein Strahlenschutzbeauftragter zu bestellen, die dafür notwendige Fachkunde muss in einer noch zu verabschiedenden Verordnung, Allgemeinen Verwaltungsvorschrift oder Richtlinie näher definiert werden.

Der für die Verwirklichung des Reduzierungsgebots anzulegende Maßstab ist der Stand von Wissenschaft und Technik bei den in der bisherigen StrlSchV geregelten Tätigkeiten, der Stand der Technik bei den in der bisherigen RöV geregelten Tätigkeiten sowie bei Tätigkeiten mit natürlich vorkommenden radioaktiven Stoffen und bei Tätigkeiten im Zusammenhang mit kosmischer Strahlung.

Die Vorschriften zur Vermeidung unnötiger Exposition und Reduzierung gelten nun umfassender, da der Kreis der Tätigkeiten erweitert worden ist.

Es ist vorgesehen, folgende Punkte auf Verordnungsebene zu regeln (Beispiele):
- Genehmigungs- und anzeigefreier Betrieb von Anlagen zur Erzeugung ionisierender Strahlen (bisher §12 a StrlschV),
- Genehmigungsfreie Beförderung (bisher §17 StrlSchV),
- Befreiung von der Pflicht zur Deckungsvorsorge (bisher § 10 StrlSchV),
- Genehmigungsfreier Betrieb von Störstrahlern (bisher § 5 Röv),
- Grundlagen für spezielle Regelungen für den Strahlenschutz in Schulen,

- **eine neue Meldepflicht** an Behörden, wenn der Betrieb von Geräten unter der Verantwortung mehrerer Strahlenschutzverantwortlicher stattfindet, und
- Freigrenzen, Freigabewerte für verschiedene Freigabearten, Werte der Oberflächenkontamination, Liste der Radionuklide im radioaktiven Gleichgewicht analog der bisherigen Anlage III der StrlSchV.

Einen Überblick über die Einordnung in genehmigungs-, anzeige-, und anmeldepflichtige Tätigkeiten gibt Tabelle 3.

Tabelle 3 Überblick über geplante Expositionssituationen

Genehmigungsbedürftige Tätigkeiten	**anmelde- und anzeigebedürftige Tätigkeiten**
Errichtung und Betrieb von Anlagen zur Erzeugung ionisierender Strahlung (jetzt 11 StrlSchV)	anzeigepflichtiger Betrieb von Anlagen zur Erzeugung ionisierender Strahlen (z.B. Ionenimplanter (jetzt § 12StrlSchV)
Umgang mit radioaktiven Stoffen (jetzt § 7 StrlSchV)	Betrieb von Röntgeneinrichtungen
Betrieb von Röntgeneinrichtungen und Störstrahlern (Röntgentherapie)	Prüfung, Erprobung, Wartung u. IS von Röntgeneinrichtungen und Störstrahlern
Anwendung radioaktiver Stoffe oder ionisierender Strahlung am Menschen zum Zweck der medizinischen Forschung	Anwendung radioaktiver Stoffe oder ionisierender Strahlung am Menschen zum Zweck medizinischer Forschung (Begleitdiagnostik, vereinfachtes Verfahren)
Beschäftigung in fremden Anlagen oder Einrichtungen und im Zusammenhang mit dem Betrieb fremder Röntgeneinrichtungen und Störstrahlern	Arbeitsplätze mit Exposition durch natürlich vorkommende Radioaktivität
Beförderung,	keine Anmeldepflicht für Beförderung
Tätigkeiten mit Verbraucherprodukten, Rückständen und Materialien	anmelde- und anzeigebedürftige Tätigkeiten mit Rückständen und Materialien
Freigabe radioaktiver Stoffe (Verordnungsermächtigungen)	

In der StrlSchV wurde zwischen „Tätigkeiten“ bei der zweckgerichteten Nutzung ionisierender Strahlung und radioaktiver Stoffe und „Arbeiten“ im Zusammenhang mit natürlichen Strahlungsquellen unterschieden. Entsprechend der Richtlinie 2013/59/Euratom gibt es diese Unterscheidung nicht mehr. Die bisherigen Arbeiten (ausgenommen Arbeitsplätze mit erhöhter Radon-222-Exposition), sind nun den geplanten Expositionssituationen zuzuordnen.

Die Regelungen der StrlSchV haben bisher Arbeitskräfte mit möglichen Expositionen ab 6 mSv im Kalenderjahr betrachtet und niedrigere Dosen an den allgemeinen Arbeitsschutz verwiesen. Nunmehr besteht Anzeigepflicht ab einer effektiven Dosis ab 1 mSv im Kalenderjahr.

Die bestehenden Vorschriften der StrlSchV bezüglich der Freigabe stehen grundsätzlich im Einklang mit der EU-Grundnorm. Die darin festgelegten Regelungen haben sich in Vollzug und Praxis bewährt und werden auf Verordnungsebene geregelt. Bei einigen Nukliden gibt es eine Herabsenkung des Grenzwertes.

Im Entwurf des neuen StrlSchG gelten die bisher nach StrlSchV und RöV festgelegten Dosisgrenzwerte für berufliche Exposition (Berufslebensdosis, Grenzwert der effektiven Dosis und Organäquivalentdosis) fort. Es wird aber wird neue Organdosisgrenzwert für die Augenlinse vom 20mSv eingeführt. Entsprechend den Forderungen der Richtlinie 2013/59/Euratom für den Dosisgrenzwerte des Auges von 20 mSv sind Arbeitsplätze zu identifizieren, an denen ggf. dieser Grenzwert überschritten werden kann. Dafür sind noch zahlreiche Fragen zu klären. Derzeitig gibt es noch keine Vorgaben und Anforderungen zur Ermittlung der Dosis für die Augenlinse sowie keine Vorgaben zur Vorgehensweise bei einer möglichen Überschreitung des Grenzwertes.

Neu ist die Pflicht zur Meldung von Vorkommnissen bei der Anwendung von ionisierender Strahlung und radioaktiven Stoffen am Menschen. In Zusammenhang mit der Meldung von „bedeutsamen" Vorkommnissen in der Medizin ist eine bundesweite „zentrale Stelle" einzurichten. Darüber hinaus sind Informationen und Erkenntnisse über derartige Vorkommnisse zu veröffentlichen.

Die bisherigen Regelungen zu Strahlenschutzverantwortlichen und Strahlenschutzbeauftragten wurden in das neue Strahlenschutzrecht übernommen. Nicht eingeführt wird der Begriff des Strahlenschutzbevollmächtigten. Insbesondere bei großen Einrichtungen wie Universitäten, Forschungszentren und Unternehmen mit mehreren Standorten werden Aufgaben der Strahlenschutzverantwortlichen häufig an einen oder mehrere Strahlschutzbevollmächtigte delegiert. Auch wenn dieser nicht im Strahlenschutzgesetz aufgeführt wird, ist dieser Bevollmächtigte in der Begründung erwähnt. Auch zukünftig können Aufgaben des Strahlenschutzverantwortlichen übertragen werden.

2.2 Notfallexpositionssituationen

Das bisherige Strahlenschutzvorsorgegesetz wird in den Teil 3 des StrlSchG-E integriert. Der Teil 3 des StrlSchG enthält viele neue Bestimmungen, die durch die Länder umsetzt werden müssen.

Entsprechend der Notfallsituation werden je nach Zuständigkeit Aufgaben u.a. sein:

- Unterrichtung und Fortbildung der Einsatzkräfte,
- Information der Bevölkerung,
- Verteilung von Schutzwirkstoffen,
- Bereitstellung von Daten zur Ermittlung der radiologischen Lage,
- Ermittlung und Auswertung der radiologischen Lage,
- Zusammenarbeit mit allen zuständigen Operateuren,
- Entscheidungen zu Schutzmaßnahmen,
- Überwachung der Einsatzkräfte,
- Planung des Einsatzes der Einsatzkräfte und
- die Prüfung, Ergänzung und Änderung von Notfallplänen.

Die Erstellung von allgemeinen und besonderen Notfallplänen der Länder ist eine neue Aufgabe für Sachsen. Für die Erstellung von Sonderschutzplänen für ortsfeste Anlagen oder Tätigkeiten mit besonderem Gefahrenpotential, für die Erstellung und Bewertung des radiologischen Lagebildes, Information der Bevölkerung im Rahmen der Planungen, Regelung von Sondermaßnahmen sind im Gesetz zahlreiche Verordnungsermächtigungen enthalten

2.3 Bestehende Expositionssituation

Der Teil 4 des StrlSchG-E „Strahlenschutz bei bestehenden Expositionssituationen" enthält

- Regelungen zum Schutz vor Radon in Aufenthaltsräumen und an Arbeitsplätzen,
- Schutz vor Radioaktivität in Bauprodukten,
- Regelungen zu radioaktiv kontaminierten Gebieten und
- sonstigen bestehenden Expositionssituationen.

Problem Radon:
Durch die zuständige Landesbehörde oder, wie Sachsen vorschlägt, durch den Bund, sind auf Grundlage bundesrechtlicher Vorgaben Gebiete auszuweisen, für die erwartet wird, dass die über das Jahr gemittelte Radon-222-Aktivitätskonzentration in der Luft in einer beträchtlichen Zahl von Aufenthaltsräumen den festgelegten Referenzwert von 300 Bq/m^3 überschreitet.

Bisher wurde die Überwachung von Radon an Arbeitsplätzen gemäß § 95 StrlSchV in den Arbeitsfeldern nach Anlage XI StrlSchV wahrgenommen.

Mit der Novellierung der Gesetzgebung wird die Pflicht zur Messung der Radonaktivitätskonzentration an Arbeitsplätzen, die sich im Erd- oder Kellergeschoss befinden, auf ausgewiesene Gebiete und für noch ggf. weitere festzulegende Arten von Arbeitsplätzen ausgedehnt. Bei Überschreitung des Referenzwertes hat der für den Arbeitsplatz Verantwortliche Maßnahmen zur Reduzierung zu ergreifen.

Problem Radiologische Altlasten:
Derzeitig besteht außerhalb des „Sanierungsauftrages" der Wismut GmbH keine Sanierungspflicht von radiologischen Altlasten, sofern keine Gefährdungsabwehrmaßnahmen nach Polizeirecht erforderlich sind. Mit dem Inkrafttreten der neuen Strahlenschutzgesetzgebung erfolgt die Ablösung des bisher in den neuen Bundesländern fortgeltenden DDR-Rechts für die Sanierung von Hinterlassenschaften früherer Tätigkeiten und Arbeiten sowie die Stilllegung und Sanierung der Betriebsanlagen und Betriebsstätten des Uranerzbergbaus. Alle Genehmigungen nach HaldAO und VOAS nebst DB zur VOAS, welche vor Inkrafttreten des neuen StrlSchG erteilt wurden, behalten ihre Gültigkeit.

2.4 Andere Bestimmungen in den Teilen 5 bis 8 des StrlSchG-E

Die anderen Bestimmungen in den Teilen 5 bis 8 des StrlSchG-E umfassen expositionsübergreifenden Vorschriften, strahlenschutzrechtliche Aufsicht, Verwaltungsbehörden und Schlussbestimmungen.

Die Bestimmungen sollen mit einigen Ausnahmen am 31.12.2018 in Kraft treten (Stand 15.02.2017). Die im Gesetzesentwurf enthaltenen Verordnungsermächtigungen und einige Regelungen im Bereich des Notfallschutzes drei Monate nach Verkündigung des Gesetzes.

3. Auswirkungen auf das Gebiet der Gammaradiograpie

3.1 Allgemeine Hinweise

Da das StrlSchG-E [7] noch nicht verabschiedet ist, sind alle Aussagen im Abschnitt 3 nur vorläufig.

Gravierende Auswirkungen auf das Gebiet der Gammaradiographie werden nicht gesehen.

Freigrenzen
Die Freigrenzen der Tabelle A in der Richtlinie 2013/59/Euratom und der Anlage III der StrlSchV für die Nuklide Selen-75 und Iridium-192 sind identisch.

Genehmigungsvoraussetzungen
Die Genehmigungsvoraussetzungen des § 9 der StrlSchV und § 13 StrlSchG-E sind bis auf wenige Ausnahmen weitestgehend identisch:

- Die Vorgaben zur Strahlenschutzorganisation enthalten keine gravierenden Änderungen.
- Die Anforderungen an die Fachkunden werden keinen gravierenden Änderungen aufweisen, auch wenn einige Fachkunden der RöV und StrlSchV zusammengeführt werden.

Neu
Neu ist, dass eine Genehmigung für den Umgang mit hochradioaktiven Strahlenquellen nur erteilt werden kann, wenn Verfahren für den Notfall und geeignete Kommunikationsverbindungen vorhanden sind.

Ein befristeter Probebetrieb ist jetzt auch für den Umgang mit umschlossenen radioaktiven Stoffen möglich.

Das Genehmigungsverfahren kann für die Dauer von 12 Monaten durch die zuständige Behörde ausgesetzt werden, wenn Zweifel an der Rechtfertigung bestehen. Die Prüfung der Rechtfertigung erfolgt dann durch das Bundesamt für Strahlenschutz.

Wie die neue Meldepflicht an Behörden, wenn der Betrieb von Geräten unter der Verantwortung mehrerer Strahlenschutzverantwortlicher stattfindet, ausgestaltet wird, kann zurzeit nicht weiter ausgeführt werden. Im Bereich der Medizin gibt es dafür bereits ein Verfahren [8].

3.2 Mustergenehmigung [9]

Die Mustergenehmigung zur Gammaradiographie muss im Zuge der Neufassung des StrlSchG-E [7] überarbeitet werden. Bestehende Genehmigungen bleiben nach jetzigem Stand (02/2017) mindestens zwei Jahre nach Inkrafttreten des Gesetzes gültig.

3.2 Aufsicht

Der Umgang im Rahmen der Gammaradiographie unterliegt der Aufsicht durch die zuständigen Behörden. Nach § 180 StrlSchG-E [7] muss die zuständige Behörde ein Aufsichtsprogramm erstellen, an dessen Ausgestaltung Anforderungen gestellt werden und das veröffentlicht werden muss.

Da der Umgang im Rahmen der Gammaradiographie als risikobehaftet eingestuft wird, sind verkürzte Überprüfungsintervalle sinnvoll. Genehmigungsinhaber der Gammaradiographie sollten aus Sicht des Autors mindestens in einem Abstand von zwei Jahren überprüft werden.

4. Danksagung

Der Autor möchte Frau Dipl.-Chem. Jeanette Honolka und Herrn Dr. Ulf Glaubitz vom Sächsischen Landesamt für Umwelt, Landwirtschaft und Geologie für Diskussionen zum neuen StrlSchG-E Dank sagen.

Referenzen

[1] https://www.cdu.de/sites/default/files/media/dokumente/koalitionsvertrag.pdf

[2] RICHTLINIE 2013/59/EURATOM DES RATES vom 5. Dezember 2013, Amtsblatt der Europäischen Union, 07.01.2014

[3] Strahlenschutzverordnung -StrlSchV- vom 20. Juli 2001 (BGBl. I S. 1714; 2002 I S. 1459), die zuletzt durch Artikel 5 der Verordnung vom 27. April 2016 (BGBl. I S. 980) geändert worden ist

[4] Verordnung über die Gewährleistung von Atomsicherheit und Strahlenschutz vom 11. Oktober 1984 (GBl. I Nr. 30 S. 348; Ber. GBl. I 1987 Nr. 18 S. 196) nebst Durchführungsbestimmung (DDR Recht nach Artikel 3 des Einigungsvertrages fortgeltend)

[5] Anordnung zur Gewährleistung des Strahlenschutzes bei Halden und industriellen Absetzanlagen und bei der Verwendung darin abgelagerter Materialien vom 17. November 1980 (GBl. I Nr. 34 S. 347) (DDR Recht nach Artikel 3 des Einigungsvertrages fortgeltend)

[6] Röntgenverordnung in der Fassung der Bekanntmachung vom 30. April 2003 (BGBl. I S. 604), die zuletzt durch Artikel 6 der Verordnung vom 11. Dezember 2014 (BGBl. I S. 2010) geändert worden ist

[7] Entwurf eines Gesetzes zur Neuordnung des Rechs zum Schutz vor der schädlichen Wirkung ionisierender Strahlung Bundesrat Drucksache 86/17 vom 27.1.2017

[8] Heidrich, Lorenz, Reinhold, Philipp; Der Strahlenschutzverantwortliche und die Strahlenschutzverantwortung des Arzte, Ärzteblatt Sachsen 12/2015 unter Gesundheitspolitik Seite 531 ff

[9] Mustergenehmigung zur ortsveränderlichen Verwendung und Lagerung radioaktiver Stoffe im Rahmen der Gammaradiographie nach § 7 StrlSchV (Vollzug der Strahlenschutzverordnung) vom 31. Oktober 2016 (GMBl. Nr. 52 vom 29.11.2016 S. 1030)

Auswirkungen des neuen Strahlenschutzgesetzes auf das Strahlenschutzregister und die berufliche Strahlenüberwachung

Gerhard FRASCH [1]

[1] Ehemaliger Leiter Beruflicher Strahlenschutz und Strahlenschutzregister im Bundesamt für Strahlenschutz, seit 1. Dez. 2015 im Ruhestand, München

Kontakt E-Mail: gerhard.frasch@gmx.net

Kurzfassung. Die Umsetzung der RICHTLINIE 2013/59/EURATOM erfolgt über das neue Strahlenschutzgesetz und bringt bei der Überwachung beruflich strahlenexponierter Personen u.a. zwei wesentliche Neuerungen bzw. Änderungen:

- Einführung eines eindeutigen Personenkennzeichens,
- Aktualisierung der beruflichen Tätigkeitskategorien.

Beide erfordern technische und organisatorische Umstellungen bei der Datenübermittlung der Genehmigungsinhaber an die behördlich bestimmten Messstellen und das Strahlenschutzregister.

Einführung

Die Umsetzung der RICHTLINIE 2013/59/EURATOM (EURATOM-Grundnormen) und die damit einhergehende Modernisierung des Strahlenschutzrechts erfolgt über das neue Gesetz zum Schutz vor der schädlichen Wirkung ionisierender Strahlung (Strahlenschutzgesetz – StrlSchG). Der Gesetzesentwurf wurde vom Bundeskabinett beschlossen und durchläuft gegenwärtig das parlamentarische Verfahren (Bundestag, Bundesrat). Es soll noch in dieser Legislaturperiode verabschiedet werden und ist dann bis zum 31.12.2018 umzusetzen. Für die Überwachung beruflich strahlenüberwachter Personen bringt es u.a. zwei wesentliche Neuerungen bzw. Änderungen, die die Datenübermittlung der Betriebe über die behördlich bestimmten Messstellen an das Strahlenschutzregister betreffen:

- Einführung eines eindeutigen Personenkennzeichens,
- Aktualisierung der beruflichen Tätigkeitskategorien.

Beide erfordern technische und organisatorische Umstellungen bei der Datenübermittlung der Betriebe an die Messstellen und das Strahlenschutzregister.

cc BY ND

Lizenz: http://creativecommons.org/licenses/by-nd/3.0/de/

Einführung eines eindeutigen Personenkennzeichens

In den meisten europäischen Ländern werden beruflich strahlenüberwachte Personen über ein nationales Personenkennzeichen oder die Sozialversicherungsnummer eindeutig erfasst. In Deutschland ist dies nicht erlaubt, obwohl gerade in Deutschland wegen der Überwachung der Berufslebensdosis und der großen Zahl an überwachten Personen eine eindeutige und über das Berufsleben konstante Personenidentifikation besonders wichtig ist, um Dosiswerte korrekt zu bilanzieren. Für die berufliche Strahlenüberwachung darf das Strahlenschutzregister derzeit lediglich Personalien wie Name, Vorname, Geburtsdatum sowie einige weitere personenbeschreibende Angaben erfassen und speichern, die aber häufig unvollständig oder fehlerhaft sind.

Da die EURATOM-Grundnormen ein eindeutiges Personenkennzeichen bindend vorschreiben, wird in Absprache mit dem Bundesministerium für Arbeit und Soziales (BMAS) mit dem Strahlenschutzgesetz eine eindeutige Strahlenschutzregisternummer ("SSR-Nummer") auf der Basis der Sozialversicherungsnummer eingeführt. Aus Gründen des Datenschutzes muss die Sozialversicherungsnummer jedoch verschlüsselt werden. Das Konzept zur Erzeugung und Verwendung dieser SSR-Nummer im System der beruflichen Strahlenüberwachung wurde vom BfS in Abstimmung mit BMUB, BMAS, dem Bundesbeauftragten für den Datenschutz, dem Bundesamt für Sicherheit in der Informationstechnik und den Dosismessstellen erarbeitet.

Das Prinzip der Erzeugung der SSR-Nummer aus der Sozialversicherungsnummer sieht vor, dass der Überwachte (bzw. im Betrieb der Strahlenschutzbeauftragte oder die Personalabteilung) über ein Onlineverfahren dem BfS Personalien und Sozialversicherungsnummer mitteilt. Im BfS wird die Sozialversicherungsnummer in einem doppelten Verschlüsselungsverfahren zu einer eindeutige SSR-Nummer umcodiert, die dann mit den zugehörigen Personalien an den Betrieb zurückgegeben wird. Diese SSR-Nummer verwendet dann der Strahlenschutzbeauftragte bei der Dosimeterzuordnung und der Kommunikation mit seiner behördlich bestimmten Messstelle. Das Onlineverfahren kann interaktiv mit den Daten einer einzelnen Person erfolgen oder im Dateiverfahren, bei dem eine Datei mit den Personalien aller überwachten Personen eines Betriebes hochgeladen werden kann.

Aus einer Sozialversicherungsnummer wird stets die gleiche SSR-Nummer erzeugt, d.h. die SSR-Nummer ist (z.B. bei Verlust) reproduzierbar. Umgekehrt ist es aber nicht möglich, aus einer SSR-Nummer die zugehörige Sozialversicherungsnummer zu entschlüsseln. Die Sozialversicherungsnummer wird im BfS nicht gespeichert, das Verfahren ist technisch und organisatorisch von Strahlenschutzregister getrennt. Für Personen, die ein geeignetes ausländisches Kennzeichen oder keine Sozialversicherungsnummer haben sind entsprechende Verfahren vorgesehen.

Die Einführung eines eindeutigen Personenkennzeichens für den beruflichen Strahlenschutz ist in Deutschland rechtlich, technisch und organisatorisch anspruchsvoll. Ähnlich wie bei der Einführung der fünfstelligen Postleitzahlen wird die Einführungsphase mit einigem Aufwand für alle an der Strahlenüberwachung Beteiligten verbunden sein.

Aktualisierung der beruflichen Tätigkeitskategorien

Die berufliche Tätigkeitskategorie ist Bestandteil der personenbezogenen Daten zur beruflichen Strahlenüberwachung. Sie wird vom Strahlenschutzbeauftragten dem Überwachten entsprechend seiner Tätigkeit zugeordnet und über die Messstelle an das Strahlenschutzregister übermittelt. Die beruflichen Tätigkeiten der strahlenüberwachten Personen sind in einer Kategorienliste aufgeschlüsselt und eine wichtige Informationsquelle für die Analyse und Bewertung der beruflichen Strahlenexposition.

Die Liste der derzeit verwendeten personenbezogenen Tätigkeitskategorien stammt aus den siebziger Jahren des vergangenen Jahrhunderts und ist aktualisierungs- und ergänzungsbedürftig. Die Kategorien weichen zum Teil von denen ab, die in vielen europäischen Ländern üblich sind und von UNSCEAR bei den weltweiten Erhebungen zu beruflichen Strahlenexposition verwendet werden. Außerdem sind sie nicht immer trennscharf formuliert und wurden früher wenig benutzerfreundlich erhoben. Deshalb ist ihre Akzeptanz vor allem bei Betrieben aus den Bereichen Medizin und Industrie eher gering und viele Angaben fehlen.

Mit der Einführung des Strahlenschutzgesetzes werden die beruflichen Tätigkeitskategorien überprüft, ergänzt, präzisiert und weitgehend mit den "Work Categories" harmonisiert, die UNSCEAR für die weltweiten Erhebungen zur beruflichen Strahlenexposition verwendet. Dadurch soll eine bessere internationale Vergleichbarkeit statistischer Auswertungen ermöglicht und Mehrarbeit bei der Bereitstellung von Daten zur beruflichen Strahlenexposition für UNSCEAR vermieden werden.

Das neue System der Tätigkeitskategorien soll klar und trennscharf strukturiert sein. Es ist nach Sektoren gegliedert, innerhalb derer die beruflichen Tätigkeitskategorien aufgelistet sind. Es sind nicht mehr Kategorien vorgesehen, als für sinnvolle statistische Auswertungen erforderlich. Zu den Kategorien werden außerdem Erläuterungen gegeben, damit die Strahlenschutzbeauftragten ihre Auswahl schnell und sicher treffen können. Das System hat folgende Struktur:

1. Aufteilung in berufliche Sektoren

- Medizin
- Kerntechnik und Entsorgung
- Allgemeine Industrie
- Forschung und Entwicklung
- Kosmische Strahlung
- Radon am Arbeitsplatz
- Sonstige Tätigkeiten

2. Sektorspezifische Listen von Tätigkeitskategorien, z.B. für den Sektor Medizin:

- Diagnostische Radiologie
- Angiographische und kardio-vaskuläre interventionelle Radiologie
- Andere interventionelle Radiologie (z.B. Orthopädie)
- Strahlentherapie
- Nuklearmedizin
- Zahnmedizin
- Veterinärmedizin.

3. Erläuterungen zu einer Tätigkeitskategorie (z.T. optional)

- typische Anwendungen/Verfahren/Geräte
- üblicherweise verwendete Quellen/Nuklide.

Die nachstehende Tabelle enthält den Entwurf der personenbezogenen Tätigkeitskategorien und ihre Erläuterungen für den Sektor Allgemeine Industrie.

Tabelle 1. Tätigkeitskategorien und Erläuterungen des Sektors Allgemeine Industrie

Tätigkeitskategorie	**Erläuterungen**
Industrielle Bestrahlung	<u>*Anwendungen/Verfahren/Geräte:*</u> Bestrahlung von Produkten oder Geräten, z.B. zur Sterilisation in der Medizin
Industrielle Radiographie	<u>*Anwendungen/Verfahren/Geräte:*</u> Zerstörungsfreie Materialprüfung mit hochradioaktiven Quellen oder Röntgengeräten. <u>*Strahlenquellen:*</u> z.B. ^{60}Co, ^{75}Se, ^{125}I, ^{137}Cs, ^{169}Yb, ^{192}Ir, ^{241}Am, (mobile) Röntgengeräte von 70 kV - 600 kV.
Umgang mit radioaktiven Leuchtkörpern	<u>*Anwendungen/Verfahren/Geräte:*</u> Umgang mit radioaktiven Leuchtstoffen für Lichtquellen, Gasglühstrümpfe, Tritium-Gas-Lichtquellen, auch thorierte Schweißelektroden (Th-nat).
Produktion und Verteilung von Radioisotopen	<u>*Anwendungen/Verfahren/Geräte:*</u> Herstellung und Transport von radiochemischen Pharmazeutika, radioaktiv markierten Verbindungen und Tracern für Nuklearmedizin, Forschung oder Industrie. <u>*Strahlenquellen:*</u> Isotope: z. B. ^{99m}Tc, PET Radiopharmazeutika, ^{192}Ir, ^{125}I, Brachytherapie Seeds. Industrielle Quellen zur zerstörungsfreien Prüfung oder für Messsonden, etc. ***Keine Kernbrennstoffe, keine Tätigkeiten aus der Kerntechnik und dem Brennstoffkreislauf. diese gehören in den Sektor Kerntechnik und Entsorgung!***
Umgang mit radioaktiven industriellen Messsonden	<u>*Anwendungen/Verfahren/Geräte:*</u> Mobile Messsonden mit radioaktiven Gamma- oder Neutronenquellen z. B. zur Dichte- oder Feuchtigkeitsmessung in Böden, Straßenbelägen oder Gebäuden (z.B. Troxler®-Sonden) <u>*Strahlenquellen:*</u> z. B. ^{60}Co, ^{90}Sr, ^{137}Cs, ^{241}Am, ^{252}Cf.

Das Konzept der beruflichen Tätigkeitskategorien ist gegenwärtig noch in der Entwurfsfassung. In die Überarbeitung werden die behördlich bestimmten Messstellen und Stakeholder, wie z.B. Berufsverbände einbezogen, da diese wegen ihrer Praxisnähe besonders gut zur trennscharfen Unterscheidung der Kategorien und zur prägnanten Beschreibung der Erläuterungen beitragen können.

Die SEWD-Richtlinie zur Sicherung von sonstigen radioaktiven Stoffen - Was bedeutet dies für die Radiographie?

Oliver KOSBADT [1]
[1] Ministerium für Umwelt, Klima und Energiewirtschaft, Stuttgart
Kontakt E-Mail: Oliver.Kosbadt@um.bwl.de

Kurzfassung

Die Veränderung der internationalen Bedrohungslage seit den Anschlägen in New York 2001 hat es notwendig gemacht, auch die missbräuchliche Nutzung radioaktiver Stoffe zu berücksichtigen. Anders als bei kerntechnischen Anlagen sind entsprechende Szenarien in Bereich der Medizin, Industrie und Forschung bisher nicht betrachten worden.

Internationale Gremien wie die IAEA und die EU haben hierzu festgestellt, dass der größte Handlungsbedarf bei der Sicherung radioaktiver Quellen liegt. Wesentlicher Aspekt dabei ist eine international möglichst einheitliche Kategorisierung von Quellen, damit abhängig von deren Eignung zur missbräuchlichen Nutzung ein angemessenes Schutzniveau angestrebt werden kann. Konkurrierend sind dabei aber auch die Randbedingungen des EU-Binnenmarktes und des freien Warenverkehrs zu beachten, die einen möglichst ungehinderten Transport radioaktiver Strahlenquellen ermöglichen sollen.

Vor diesem Hintergrund wurde in Deutschland eine Arbeitsgruppe bestehend aus Mitgliedern des BMUB, des BfS, der GRS und diverser Landesbehörden eingesetzt, um ein Sicherungsregime beim Umgang mit und bei der Beförderung von sonstigen radioaktiven Stoffen zu erarbeiten. Beteiligt waren dabei auch die deutschen Sicherheitsbehörden hinsichtlich der Analyse der nationalen Bedrohungslage. Diese Ergebnisse wurden in den sog. Lastannahmen hinsichtlich möglicher Tatszenarien, Täterprofile und Tat-/Hilfsmittel berücksichtigt. Auf dieser Basis und im Vergleich mit den internationalen Anforderungen beschreibt die darauf aufbauende „SEWD-Richtlinie sonstige radioaktive Stoffe" die Bewertung des Gefährdungspotenzials radioaktiver Stoffe, Sicherungskategorien, Sicherungsanforderungen und davon abgeleitete Sicherungsmaßnahmen für verschiedene Anwendungsbereiche.

Die Zerstörungsfreie Werkstoffprüfung wird von den Inhalten der Richtlinie absehbar stark betroffen sein, weil sie radioaktive Quellen mit hohen Aktivitäten und entsprechend Gefährdungspotenzial verwendet, außerdem i.d.R. mehrere Anwendungsbereiche umfasst (ortsfester Umgang / Lagerung, ortsveränderlicher Umgang, Beförderung). Der Beitrag stellt die wesentlichen Inhalte der „SEWD-Richtlinie sonstige radioaktive Stoffe" vor und soll eine Diskussion über deren Bedeutung für die Radiografie ermöglichen.

Lizenz: http://creativecommons.org/licenses/by-nd/3.0/de/

Die SEWD-Richtlinie zur Sicherung von sonstigen radioaktiven Stoffen –

Was bedeutet dies für die Radiografie?

DEUTSCHE GESELLSCHAFT FÜR ZERSTÖRUNGSFREIE PRÜFUNG E.V.

EINLADUNG
PROGRAMM

17. Seminar

Aktuelle Fragen der Durchstrahlungsprüfung und des Strahlenschutzes

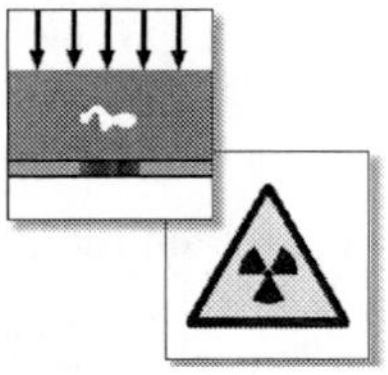

Oliver Kosbadt
Ministerium für Umwelt, Klima und Energiewirtschaft
Ref. 36 - Strahlenschutz

Baden-Württemberg
MINISTERIUM FÜR UMWELT, KLIMA UND ENERGIEWIRTSCHAFT

Einführung

Video

Folie 2

Baden-Württemberg
MINISTERIUM FÜR UMWELT, KLIMA UND ENERGIEWIRTSCHAFT

Einführung

Bundeskriminalamt

Interesse

Abu Hamza al-Muhajir:

April 2009

„Die islamischen Wissenschaftler haben daran zu arbeiten unkonventionelle Waffen zu erfinden, damit die Mujahidin sie als Abschreckungswaffen benutzen können. Der gigantische Unterschied zwischen unserer Ausrüstung und der Ausrüstung unseres Feindes darf nicht so bleiben. ***Die Mujahidin brauchen heute mehr denn je die chemischen, schmutzigen, elektronischen und sogar die Atomwaffen und alles, was dergleichen ist****. Sie brauchen diese [Waffen], um ihre Errungenschaften zu schützen, die sie errungen haben und für die -so Gott will- die noch errungen werden."*

| 19 | 07.12.2011 | BKA/ST 23 - Zentralstelle ABC-Kriminalität

MINISTERIUM FÜR UMWELT, KLIMA UND ENERGIEWIRTSCHAFT

Einführung

Nuclear Security Summit
Washington 2016

MINISTERIUM FÜR UMWELT, KLIMA UND ENERGIEWIRTSCHAFT

Vorkommnisse
radiologisch - international

NBCNEWS 12.12.2013

Stolen 'highly radioactive' material finally secured, Mexico says; villagers doubtful

... Mexico's energy authorities say specialists finally have recovered a capsule of cobalt-60 from a cornfield near the Mexican capital, presumably ending a nine-day saga that began when thieves hijacked a truck carrying the highly radioactive metal. ...

... If sold for scrap, as some feared, the material could end up affecting thousands should it end up in steel used in building materials or furniture. ...

Folie 5

Baden-Württemberg
MINISTERIUM FÜR UMWELT, KLIMA UND ENERGIEWIRTSCHAFT

Vorkommnisse
radiologisch - international

New York Post 4.7.2014

Radioactive material stolen in Mexico

... The Interior Department says a pickup truck carrying the iridium was stolen and later found. But the pen-point-sized radioactive material has not been recovered.. ...

... It is the third theft of radioactive material in Mexico since December. ...

Folie 6

Baden-Württemberg
MINISTERIUM FÜR UMWELT, KLIMA UND ENERGIEWIRTSCHAFT

Vorkommnisse

radiologisch - international

BBC News 16 April 2015

'Dangerous' radioactive material stolen in Mexico

... A container of Iridium-192 used for industrial radiography was taken from a truck in the town of Cardenas in Tabasco state. ... This is the fourth time that radioactive material from X-ray machines has been stolen in Mexico.

Folie 7

Baden-Württemberg

MINISTERIUM FÜR UMWELT, KLIMA UND ENERGIEWIRTSCHAFT

Vorkommnisse

radiologisch - international

By REUTERS On 3/1/16 at 12:21 AM

Radioactive Material Stolen in Central Mexico

... The small yellow container of Iridium 192 was inside a red Chevrolet pick-up stolen in the municipality of San Juan del Rio on Saturday morning, the ministry said in a statement. ...

Folie 8

Baden-Württemberg

MINISTERIUM FÜR UMWELT, KLIMA UND ENERGIEWIRTSCHAFT

Vorkommnisse

nicht radiologisch – international (Video)

Folie 9

Baden-Württemberg
MINISTERIUM FÜR UMWELT, KLIMA UND ENERGIEWIRTSCHAFT

Vorkommnisse

nicht radiologisch - national

DERWESTEN

Räuber überfallen Geldtransport mit Panzerfaust und Gewehren

Jennifer Kotte

am 13.12.2015 um 19:30 Uhr

Beim Überfall auf diesen Geldtransporter in Dortmund sollen auch Schüsse gefallen sein.
Foto: IDA News

Dortmund.. Mit mehreren Schnellfeuergewehren und einer Panzerfaust haben mehrere Männer am Samstagabend gegen 18.52 Uhr einen Geldtransporter im Dortmunder Stadtteil Bodelschwingh überfallen.

Folie 10

Baden-Württemberg
MINISTERIUM FÜR UMWELT, KLIMA UND ENERGIEWIRTSCHAFT

Auswirkungen
Goiânia

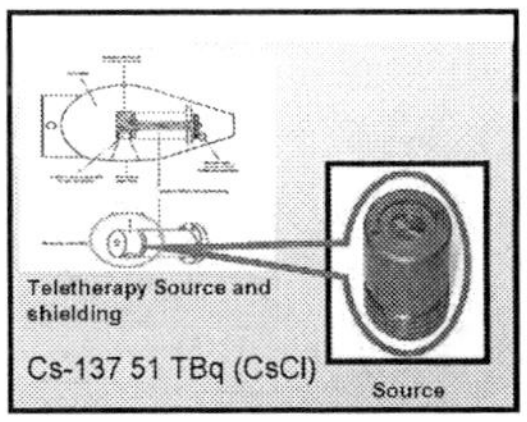

- 85 Häuser kontaminiert
- 249 Personen kontaminiert
- 4 Tote im 1. Monat
- 200 Personen evakuiert
- 40 Tonnen radioaktiver Abfall

- 20 – 30 Mill. US$
- 10 Jahre bis zur ökonomischen Erholung
- Bedeutende psychologische Effekte

Folie 11

Baden-Württemberg
MINISTERIUM FÜR UMWELT, KLIMA UND ENERGIEWIRTSCHAFT

Auswirkungen
WAK-Nachsorgefall

Folie 12

Baden-Württemberg
MINISTERIUM FÜR UMWELT, KLIMA UND ENERGIEWIRTSCHAFT

Auswirkungen
Litwinenko

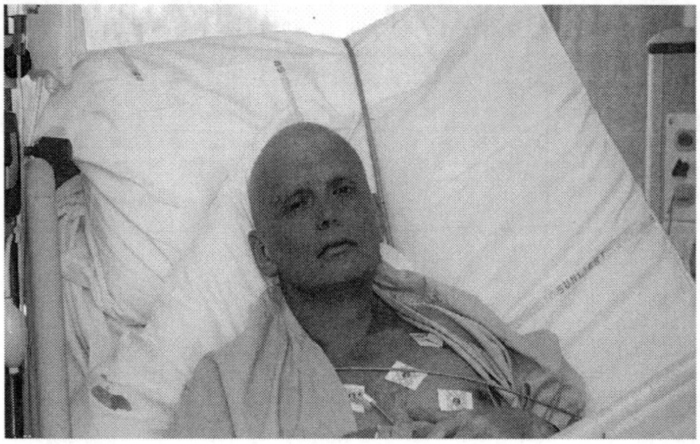

Folie 13

Baden-Württemberg
MINISTERIUM FÜR UMWELT, KLIMA UND ENERGIEWIRTSCHAFT

Auswirkungen

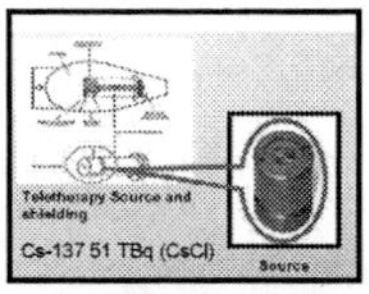

unbewusst

bewusst – unkontrolliert

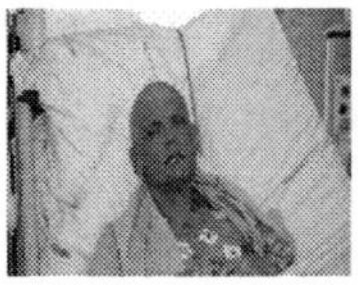

bewusst - gezielt

Folie 14

Baden-Württemberg
MINISTERIUM FÜR UMWELT, KLIMA UND ENERGIEWIRTSCHAFT

Grundlagen - International

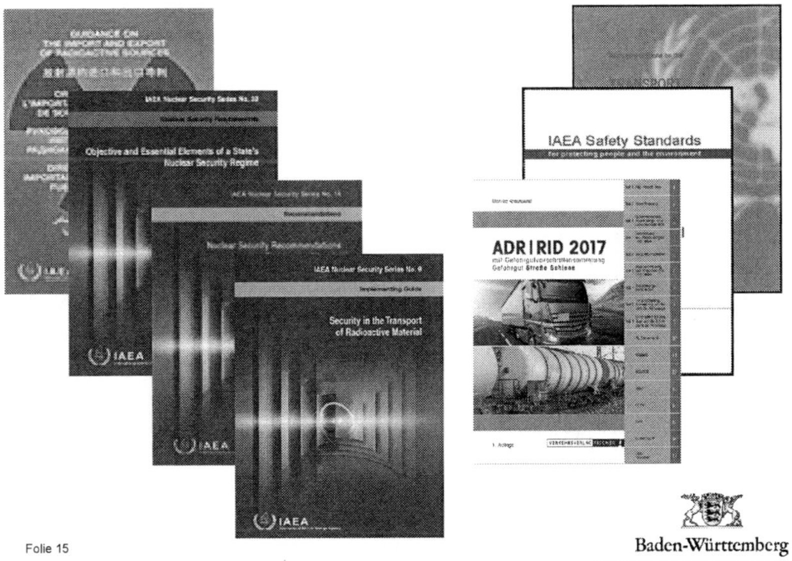

Folie 15

Baden-Württemberg
MINISTERIUM FÜR UMWELT, KLIMA UND ENERGIEWIRTSCHAFT

Sicherung – ADR
(rechtlich verbindlich)

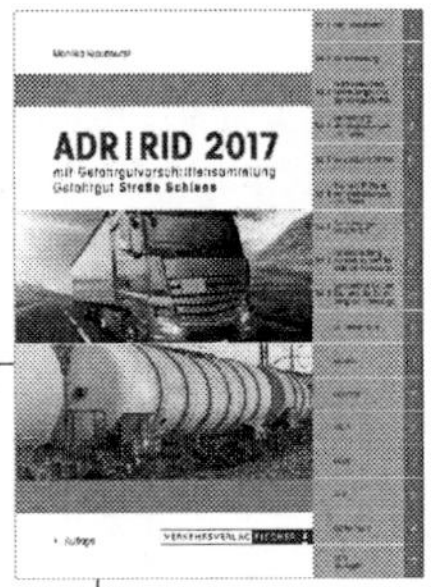

- Allgemeine Vorschriften (1.10.1)
- Unterweisung im Bereich der Sicherung (1.10.2)
- Vorschriften für gefährlicher Güter mit hohem Gefahrenpotential (1.10.3) (z.B. Sicherungspläne) – Nuklidtabelle 1.10.3.1.3 ADR (seit 1.1.2013) oder 3000 A_1 bzw. A_2

Folie 16

Baden-Württemberg
MINISTERIUM FÜR UMWELT, KLIMA UND ENERGIEWIRTSCHAFT

Sicherung – NSS No. 9

(rechtlich nicht verbindlich)

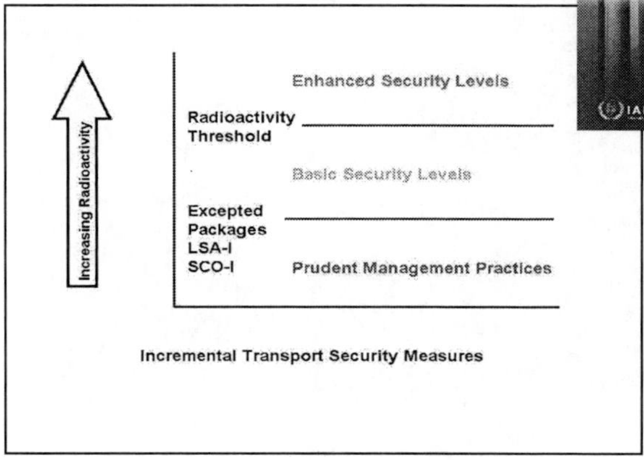

Folie 17

Baden-Württemberg

MINISTERIUM FÜR UMWELT, KLIMA UND ENERGIEWIRTSCHAFT

Hintergründe

- Verwendung von radioaktiven Stoffen für terroristische Zwecke nicht auszuschließen (**11. September 2001**, neue Dimension des Terrorismus).
- Internationaler Konsens, dass die Sicherung von radioaktiven Stoffen zunehmend an Bedeutung gewinnen muss; **Aufbau einer Sicherungskultur** - z.B. **CBRN-E Aktionsplan** der Europäischen Union
- April 2009: Schreiben des BM Wolfgang Schäuble (BMI) an BM Siegmar Gabriel (BMU) mit der Aufforderung, das **Sicherungsregime auch für sonstige radioaktive Stoffe auszubauen**.
- Angela Merkel zum Nuklearen Sicherheitsgipfel 2014 (Sa, 22.03.2014): *„…fast jedes Land hat Nuklearmaterial zum Beispiel aus der Medizintechnik. Es geht darum,* ***Sabotagen*** *zu* ***verhindern*** *und dass wir sicherstellen können, dass niemand eine* ***„schmutzige Bombe“*** *baut…“*. (Quelle: www.bundeskanzlerin.de)

Folie 18

Baden-Württemberg

MINISTERIUM FÜR UMWELT, KLIMA UND ENERGIEWIRTSCHAFT

Sicherung – EU/D

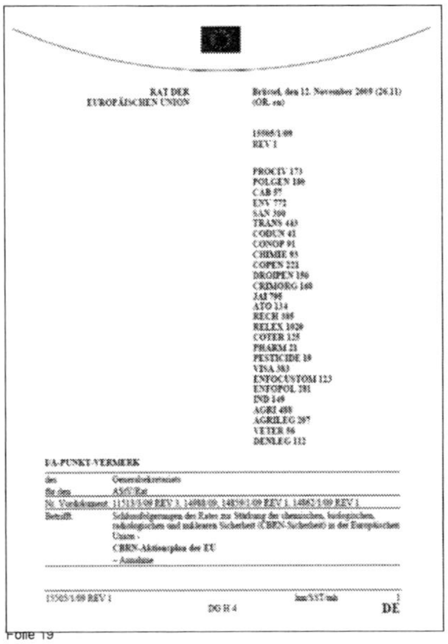
RAT DER
EUROPÄISCHEN UNION

Brüssel, den 12. November 2009 (26.11)
(OR. en)

15505/1/09
REV 1

PROCIV 173
POLGEN 180
CAB 57
ENV 772
SAN 300
TRANS 443
CODUN 41
CONOP 91
CHIMIE 93
COPEN 221
DROIPEN 156
CRIMORG 148
JAI 795
ATO 134
RECH 385
RELEX 1020
COTER 125
PHARM 21
PESTICIDE 19
VISA 383
ENFOCUSTOM 123
ENFOPOL 281
IND 149
AGRI 488
AGRILEG 207
VETER 56
DENLEG 112

I/A-PUNKT-VERMERK

des	Generalsekretariats
für den	AStV/Rat
Betrifft:	Schlussfolgerungen des Rates zur Stärkung der chemischen, biologischen, radiologischen und nuklearen Sicherheit (CBRN-Sicherheit) in der Europäischen Union - CBRN-Aktionsplan der EU - Annahme

15505/1/09 REV 1 DG H 4 bm/SST/mh 1 DE

CBRN-EU-Aktionsplan

↓

Bund-Länder-AG zur Sicherung sonstiger radioaktiver Stoffe

Bedrohungsanalyse

↓

Lastannahmen

↓

SEWD-Richtlinie

Folie 19

Baden-Württemberg
MINISTERIUM FÜR UMWELT, KLIMA UND ENERGIEWIRTSCHAFT

SEWD-Richtlinie

- Zweck, Anwendungsbereich, Grundsätzliches
- Begriffsbestimmungen
- Schutzziele und Gefahrenpotential
- Allgemeine Sicherungsgrundsätze und Sicherungskonzeption
- Sicherungsanforderungen und
- Sicherungsmaßnahmen für den **ortsfesten und ortsveränderlichen Umgang sowie für die Beförderung von sonstigen radioaktiven Stoffen**

Anhang I: Bestimmung der Sicherungsstufe
Anhang II: Transportanmeldung

Folie 20

Baden-Württemberg
MINISTERIUM FÜR UMWELT, KLIMA UND ENERGIEWIRTSCHAFT

SEWD-Richtlinie

Anhang I: Bestimmung der Sicherungsstufe (analog zu IAEA NSS 11)

A/D ≥ 1000	Sicherungsstufe A
1000 > A/D ≥ 10	Sicherungsstufe B
10 > A/D ≥ 1	Sicherungsstufe C
A/D < 1	

zusätzliche Sicherungsmaßnahmen (SEWD-Richtlinie) erforderlich

erforderlicher Grundschutz gegen SEWD (techn. Normen)

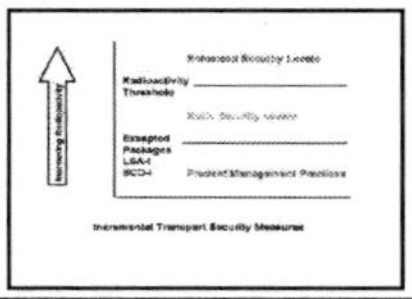

A = Aktivität des radioaktiven Stoffes [Bq]
D = D-Wert [Bq]

Baden-Württemberg
MINISTERIUM FÜR UMWELT, KLIMA UND ENERGIEWIRTSCHAFT

SEWD-Richtlinie

Einstufungs-Beispiel

Co-60:

D-Wert =	**30 GBq**	=	Sicherungsstufe C
ab	300 GBq	=	Sicherungsstufe B
ab	30 TBq	=	Sicherungsstufe A

Die Summenformel ist anzuwenden, wenn radioaktive Stoffe zusammen wirken können, z. B. bei Unterbringung im gleichen Aufbewahrungs- oder Lagerraum bzw. Aufbewahrungsbehälter oder in einem Beförderungsmittel!

Folie 22

Baden-Württemberg
MINISTERIUM FÜR UMWELT, KLIMA UND ENERGIEWIRTSCHAFT

SEWD-Richtlinie

Sicherungsstufen
A > B > C

↓

Sicherungsanforderungen

Abgestufter Ansatz (graded approach)

↓ ↓ ↓

Sicherungsmaßnahmen
(bauliche – sonstige technische – personelle/organisatorische)

Folie 23

Baden-Württemberg
MINISTERIUM FÜR UMWELT, KLIMA UND ENERGIEWIRTSCHAFT

SEWD-Richtlinie

Sicherungsmaßnahmen

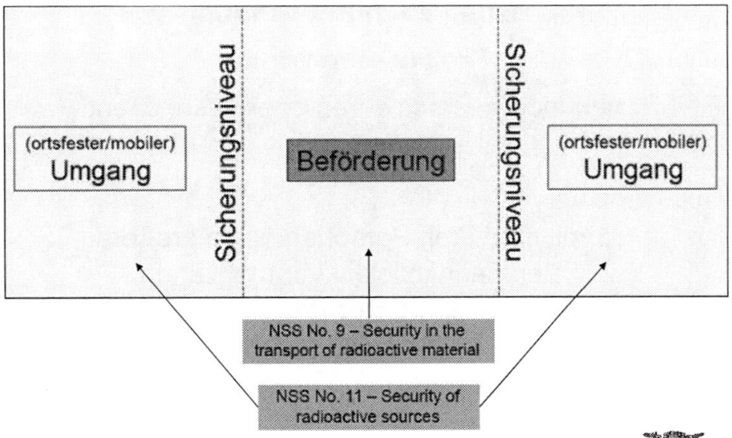

Folie 24

Baden-Württemberg
MINISTERIUM FÜR UMWELT, KLIMA UND ENERGIEWIRTSCHAFT

Grundsätze

Die Sicherungsmaßnahmen gewährleisten eine **Grundsicherung gegen** die in den Lastannahmen festgelegten **SEWD**.

Bei der Auswahl der Sicherungsmaßnahmen kann die **sicherheitstechnische Auslegung** berücksichtigt werden, insbesondere die Sicherheitsvorkehrungen des Strahlenschutzes und der Arbeitssicherheit.

Sicherungsmaßnahmen dürfen das Schutzniveau der Maßnahmen des Strahlenschutzes, der Arbeitssicherheit und des Brandschutzes nicht beeinträchtigen. **Sicherheit geht vor Sicherung!**

Folie 25

Baden-Württemberg
MINISTERIUM FÜR UMWELT, KLIMA UND ENERGIEWIRTSCHAFT

Schutzziele

Freisetzung nach Entwendung sowie

Freisetzung vor Ort

verhindern, erschweren oder ausreichend verzögern

... mit dem Ziel, Personen eines größeren Personenkollektiv vor möglichen **schwerwiegenden deterministischen Effekten** zu schützen.

Folie 26

Baden-Württemberg
MINISTERIUM FÜR UMWELT, KLIMA UND ENERGIEWIRTSCHAFT

Allgemeine Sicherungsgrundsätze

Der Genehmigungsinhaber muss für die Sicherung der *zu schützenden radioaktiven Stoffe* mindestens eine ***sicherungsbeauftragte Person*** benennen.

Informationen über Belange der Sicherung sind nur in dem Umfang an Personen weiterzugeben, wie diese sie zur Erfüllung ihrer Aufgaben im Zusammenhang mit der Sicherung unbedingt benötigen.

Folie 27

Baden-Württemberg
MINISTERIUM FÜR UMWELT, KLIMA UND ENERGIEWIRTSCHAFT

Sicherungsanforderungen

Nr.	Sicherungsanforderung Beförderung
AB01	---
AB02	---
AB03	---
AB04	---
AB05	Gewährleisten eines ständigen Gesamtüber-blicks über den Beförderungsvorgang
AB06	---
AB07	---
AB08	---

Folie 28

Baden-Württemberg
MINISTERIUM FÜR UMWELT, KLIMA UND ENERGIEWIRTSCHAFT

Sicherungsmaßnahmen

Nr.	Sicherungsmaßnahmen Beförderung	A	B	C	Anforderung
MB02	---				
MB14	Informieren der für den Abgeber und Empfänger jeweils atomrechtlich zuständigen Behörde spätestens zwei Werktage vor der Beförderung (s. Anhang II dieser Richtlinie – Transportanmeldung)	X	-	-	AB05
MB16	---				

Folie 29

Baden-Württemberg
MINISTERIUM FÜR UMWELT, KLIMA UND ENERGIEWIRTSCHAFT

Stand/Verfahrensschritte

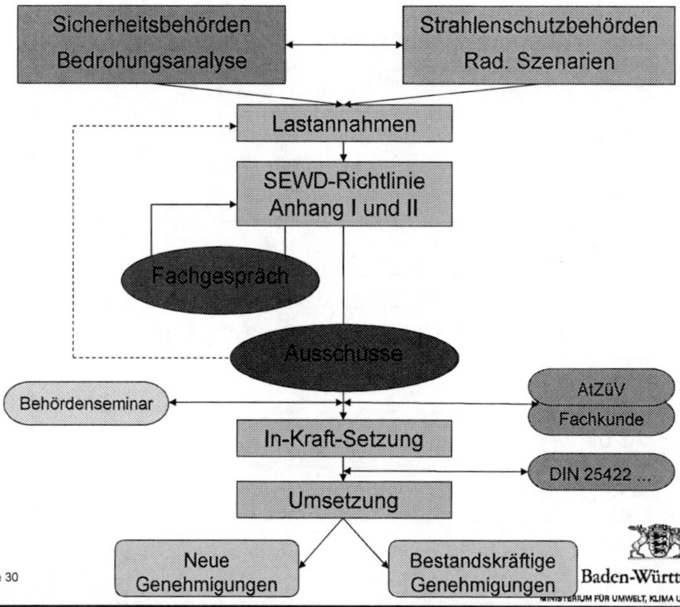

Folie 30

Baden-Württemberg
MINISTERIUM FÜR UMWELT, KLIMA UND ENERGIEWIRTSCHAFT

Folie 31
Baden-Württemberg
MINISTERIUM FÜR UMWELT, KLIMA UND ENERGIEWIRTSCHAFT

Vielen Dank
für Ihre
Aufmerksamkeit !
Folie 32
Baden-Württemberg
MINISTERIUM FÜR UMWELT, KLIMA UND ENERGIEWIRTSCHAFT

Aufsicht in der Gammaradiographie

Ulf GLAUBITZ [1]
[1] Sächsisches Landesamt für Umwelt, Landwirtschaft und Geologie, Dresden
Kontakt E-Mail: ulf.glaubitz@smul.sachsen.de

Kurzfassung. Das Sächsische Landesamt für Umwelt, Landwirtschaft und Geologie (LfULG) ist nach Verordnung des SMUL über Zuständigkeiten zum Vollzug atom- und strahlenschutzrechtlicher Vorschriften (AtStrZuVO) zuständig für Vor-Ort-Prüfungen im Rahmen der atomrechtlichen Aufsicht nach § 19 Atomgesetz (AtG).

Beschäftigte in der Gammaradiographie gehen praktisch zu jeder Zeit und an jedem Ort eigenverantwortlich mit Strahlern um, die geeignet sind, im Fall einer Abweichung von gesetzlichen, technischen und organisatorischen Handlungsvorgaben unmittelbare Schäden an der Gesund von Beschäftigten und Unbeteiligten, aber auch materielle Schäden zu verursachen. Neben Strahlenschutz und Sicherheit für alle Beteiligten ist die Sicherung der verwendeten Strahler bei Umgang, Lagerung und Beförderung eine grundlegende Anforderung.

Gesetzliche und untergesetzliche Regelungen existieren dazu in ausreichender Tiefe, bedürfen aber einerseits einer permanenten Fortschreibung, andererseits einer konsequenten und immer wieder hinterfragten Umsetzung.

Probleme werden in der Regel in der Praxis auftreten und müssen bei der Aufsicht vor Ort erkannt und bewertet werden. Zur dauerhaften Gewährleistung eines sicheren Umganges mit Gammaradiographieeinrichtungen ist es neben der Kontrolle von organisatorischen und technischen Erfordernissen vor allem notwendig, aus den Eindrücken und Feststellungen vor Ort Rückschlüsse auf die bei den Beschäftigten und Verantwortlichen verinnerlichte Sicherheitskultur bei der Lagerung und Anwendung radioaktiver Stoffe zu ziehen.

Fachliche Kompetenz und Erfahrung auf behördlicher Seite sind daher unabdingbare Voraussetzung für eine effektive Aufsicht, die letztlich auch nur in einem vertrauensvollen Verhältnis von Behörde und Genehmigungsinhaber wachsen kann.

1. Einleitung

Die Verwendung ionisierender Strahlung erfordert die Beachtung von Gesetzen, Verordnungen und Standards. Sie basiert auf einer zielgerichteten, intensiven und regelmäßigen Aus- und Weiterbildung hinsichtlich aller Aspekte des Umganges.

Ziel des Strahlenschutzes ist es, die Menschen und die Umwelt in jeglicher Hinsicht vor den schädlichen Wirkungen ionisierender Strahlung zu schützen.

Die Verwendung umschlossener radioaktiver Stoffe in der zerstörungsfreien Werkstoffprüfung (ZfP) stellt insofern einen Sonderfall unter den vielfältigen Anwendungen dar, da diese Anwendungsart von vielen Anwendern in hoher Frequenz und an ständig wechselnden Einsatzorten ausgeführt wird. Verwendet werden Strahler, die in

Lizenz: http://creativecommons.org/licenses/by/3.0/de/

aller Regel als hoch radioaktive Strahler eingestuft sind, die anforderungsgemäß eine hohe Ortsdosisleistung generieren und letztlich besondere Ansprüche an Strahlenschutz und begleitende Maßnahmen stellen.

Einsätze an immer wieder wechselnden Orten oder unter immer wieder wechselnden Einsatzbedingungen erfordern eine ständige Anpassung des existierenden Strahlenschutzsystems. Bestandteile einer sachgerechten Verwendung für die ZfP sind die Lagerung an einem festen Lagerort, die Beförderung der radioaktiven Stoffe zum und vom Prüfort, die Anwendung bei der Prüfung sowie die Berücksichtigung und Einhaltung aller sich aus Gesetzeslage, Regelwerk, Genehmigung, Standards und innerbetrieblichen Regelungen ergebenden Ansprüche und Forderungen.

Insbesondere im ortsveränderlichen Einsatz sind diese Anforderungen unter allen Bedingungen durch nur zwei beruflich strahlenexponierte Personen sicherzustellen, von denen wiederum nur eine als Strahlenschutzbeauftragter (SSB) mit eingeschränktem Entscheidungsbereich über eine vertiefte Ausbildung verfügt.

Vor diesem Hintergrund wird verständlich, dass die behördliche Präsenz bei und die Beaufsichtigung gerade dieser Tätigkeiten eine besondere Bedeutung hat.

2. Organisation in Sachsen

Auf der Grundlage einer durch Verordnung geregelten Abgrenzung der Geschäftsbereiche der Staatsministerien ist das SMUL u.a. für die Umsetzung des Atom- und Strahlenschutzrechtes zuständig.

Das Sächsische Landesamt für Umwelt, Landwirtschaft und Geologie ist nach § 6 der Verordnung des SMUL über Zuständigkeiten zum Vollzug atom- und strahlenschutzrechtlicher Vorschriften (AtStrZuVO) zuständig für „die Aufsicht nach § 19 Atomgesetz über Tätigkeiten und Arbeiten, die von den Regelungen der Strahlenschutzverordnung erfasst werden".

Nach der Verordnung des Sächsischen Staatsministeriums für Wirtschaft, Arbeit und Verkehr über Zuständigkeiten bei der Beförderung gefährlicher Güter vom 2. März 2012 sind in Sachsen für die Überwachung der Beförderung gefährlicher Güter nach § 9 Abs. 1 des Gesetzes über die Beförderung gefährlicher Güter zuständig

- während des Vorgangs der Ortsveränderung (auf öffentlichen Straßen, Wegen und Plätzen) der Polizeivollzugsdienst und
- am Ort der Übernahme und Ablieferung, des Verpackens und Auspackens gefährlicher Güter sowie des Be- und Entladens von Beförderungsmitteln in den Betrieben, die der Bergaufsicht unterliegen, das Sächsische Oberbergamt, und im Übrigen die Landesdirektion Sachsen.

Das Sächsische Landesamt für Umwelt und Geologie kontrolliert auch gefahrgutrechtliche Vorschriften und Sachverhalte, soweit sich diese auf den Geltungsbereich der strahlenschutzrechtlichen Genehmigung nach § 16 StrlSchV beziehen. Dies betrifft z.B. Vorschriften zur Verpackung, Kennzeichnung und Ausrüstung sowie zu Begleitpapieren. Praktisch werden z.B. Kontrollmessungen ausgeführt. Festgestellte Mängel, die den Tatbestand einer Ordnungswidrigkeit erfüllen können, werden in der Regel an die verkehrsrechtlich zuständige Behörde weitergeleitet.

3. Genehmigungsbestand in Sachsen

In Sachsen verfügen 8 Firmen über eine eigene Genehmigung gemäß § 7 StrlSchV zum Umgang mit umschlossenen radioaktiven Stoffen in der Gammaradiographie. In diese

Genehmigungen eingeschlossen sind neben der Lagerung am Niederlassungsort zwei weitere Lagerorte in Sachsen. Fünf Genehmigungsinhaber aus fremden Bundesländern verfügen in Sachsen über Genehmigungen für 6 zusätzliche Lagerorte.

Weiter wurde einer ausländischen Firma eine bundesweit gültige Genehmigung zum ortsveränderlichen Umgang mit umschlossenen radioaktiven Stoffen in der Gammaradiographie erteilt.

Im Rahmen dieser Genehmigungen sind 98 Strahler genehmigt.

Eine weitere Genehmigung wurde einem Servicebetrieb, der vorrangig im Bereich Gammaradiographie tätig ist, erteilt.

Im Zusammenhang mit diesen Umgangsgenehmigungen wurden 10 Genehmigungen nach § 16 StrlSchV erteilt.

Zwischen 2008 und 2011 wurde jeweils die Zahl der ortsveränderlichen Prüfeinsätze ermittelt. Grundlage war dabei die Annahme, dass ein Arbeitsgerät über eine Schicht einem Einsatz entspricht. Mehrere überbetriebliche Einsätze in einer Schicht durch das gleiche Personal wurden entsprechend als mehrere Prüfeinsätze gewertet. Auf dieser Basis wurden pro Kalenderjahr zwischen 4000 und 6000 Prüfeinsätze ermittelt. Die höheren Zahlen sind dabei auf den Neubau des Kraftwerksblocks R in Boxberg zurückzuführen.

Die überwiegende Zahl dieser Prüfeinsätze ist mit einer Beförderung auf öffentlichen Straßen verbunden.

4. Aufsichtlich prüfbare Sachverhalte

Aufsichtlich prüfbare Sachverhalte werden den folgenden Regelungen und Unterlagen entnommen:

- Atomgesetz – AtG
- Strahlenschutzverordnung – StrlSchV
- strahlenschutzrechtliche Genehmigungen, Anordnungen, zusätzliche Auflagen
- Organisationsverfügungen (SSA, Alarmierungsplan)
- DIN 54115 „Zerstörungsfreie Prüfung - Strahlenschutzregeln für die technische Anwendung umschlossener radioaktiver Stoffe“
- Gefahrgutbeförderungsgesetz - GGBefG
- Gefahrgutverordnung Straße, Eisenbahn und Binnenschifffahrt - GGVSEB
- Europäisches Übereinkommen über die internationale Beförderung gefährlicher Güter auf der Straße - ADR
- verkehrsrechtliche Zulassungen von Geräten für die Gammaradiographie als Verpackung mit Nebenbestimmungen (Bedienungs- und Wartungsanleitung)
- Prüfbescheinigungen von Geräten für die Gammaradiographie
- verkehrsrechtliche Zulassungen als radioaktiver Stoff in besonderer Form mit Nebenbestimmungen

Aufsicht Teil 1 – Genehmigungsvoraussetzungen, deren Vorhandensein regelmäßig geprüft werden muss:

- Anforderungen Brand- und Diebstahlschutz nach DIN 54115-7
- Deckungsvorsorge
- ausreichende Zahl von SSB

Aufsicht Teil 2 – am Niederlassungsort bzw. ständigen Lagerort prüfbar

- Einhaltung Genehmigungsumfang

- Buchführungspflicht Prüfeinsätze mit Ein- und Ausgang
- Buchführungspflicht Tagesdosimetrie
- Notfallbehälter
- Nachweis Unterweisung
- Nachweis der arbeitsmedizinischen Vorsorge

Aufsicht Teil 3 – Meldepflichtige Sachverhalte

Dieser Teil der Aufsicht wird in einer Genehmigungsdatenbank aktuell geführt und ist damit immer und einfach bzgl. der relevanten Sachverhalte kontrollierbar:

- Erwerb und Abgabe radioaktiver Stoffe
- HRQ-Meldungen
- Einhaltung Genehmigungsumfang
- erforderliche Dichtheitsprüfungen
- Arbeitsgeräte und Zubehör (Jahreswartung, Sachverständigenprüfung, Sondervorstellung)
- Strahlenschutzbeauftragte (Qualifikation, Bestellung, Aktualisierung)
- Deckungsvorsorge
- Fahrzeugführer

Aufsicht Teil 4 – Anforderungen und Sorgfalt bei der ortsveränderlichen Prüfung

- Einsatzmeldung (verantwortlicher SSB und Prüfer, Ort und Zeit, Gerät, Nuklid, Aktivität) und Überprüfung der Übereinstimmung
- mitzuführende Unterlagen (Bestellung, SSA, Genehmigung)
- Kontrolle der Prüftechnik (Arbeitsgerät, Fernbedienung, Strahlerführungstechnik)
- Handhabung der Prüftechnik (Einhaltung der Bedienungsanleitung)
- erforderliche dosimetrische Ausstattung der Prüfer
- erforderliches ODL-Messgerät
- erforderliche Notfallausrüstung
- Absperrung, Kennzeichnung, Einhaltung von Dosisleistung und ableitbarer Dosis an der Kontrollbereichsgrenze, sun-shine Effekte
- Erforderlichkeit Passagedosis
- Anforderungen nach ADR bzgl. Ausrüstung, Kennzeichnung, zulässige Dosisleistungen

Spezifika der ortsfesten Prüfung oder des gelegentlichen Umganges sollen hier nicht weiter betrachtet werden.

Ein wesentliches Element der Aufsicht ist aus unserer Sicht die behördlich geforderte Einsatzmeldung. Diese Einsatzmeldung gewährleistet überhaupt erst die Möglichkeit der behördlichen Aufsicht. Der Genehmigungsinhaber ist per Auflage der Mustergenehmigung verpflichtet, diese Meldung 48 h vor Beginn des Einsatzes abzugeben. Wir haben festgestellt, dass viele Auftraggeber die Prüfaufträge sehr kurzfristig vergeben und damit den Genehmigungsinhaber in eine Zwangslage bringen, entweder erfolgt die Meldung zu spät oder zeitlich und örtlich so ungenau, dass der Erfolg einer aufsichtlichen Maßnahme von vornherein in Frage gestellt ist. Ein Verstoß gegen eine Genehmigungsauflage ist jedoch sofort als Ordnungswidrigkeit zu bewerten. Daher und vor dem Hintergrund einer sehr veralteten Mustergenehmigung wurden unsere Genehmigungen auf 24 h Meldefrist umgestellt. Mit dieser Regelung wurden bisher gute Ergebnisse erzielt.

Auch Nachfragen unsererseits zu Anzeigen bewerten wir als Aufsichtsmittel, weil sie dem Genehmigungsinhaber das Gefühl vermitteln, dass seine Anzeigen geprüft werden, die Aufmerksamkeit der Genehmigungsbehörde gegeben ist und letztlich eine höhere Wahrscheinlichkeit der Aufsicht zu erwarten ist.

Kritisch bewerten wir, dass Servicefirmen mit Genehmigung zum Strahlerwechsel vor Ort ortsveränderlich ohne Anzeigepflicht umgehen können.

5. Häufigkeit der Aufsicht

Der Freistaat Sachsen verfügt über ein risikobasiertes Aufsichtskonzept, in dem die Beaufsichtigung insbesondere der ortsveränderlichen Einsätze mit einer Vorgabe von 2 Aufsichten pro Jahr und Firma den vordersten Platz einnimmt.
Unter Berücksichtigung der zuvor genannten Zahl der erteilten Genehmigungen und der Einsatzhäufigkeiten ergibt sich damit eine geforderte Beaufsichtigungsrate von ca. 1%.

6. Ergebnisse in der Aufsicht

Eine Bewertung und Einordnung von Aufsichtsergebnissen ist aus unserer Sicht schwierig. Es gibt eine Vielzahl von möglichen Mängeln, deren Relevanz von reinen Papierdefiziten bis hin zu akuten Mängeln bei Sicherheit und Handhabung reicht. Problematisch sind aus unserer Sicht die festgestellten Mängel, bei denen die Verantwortlichkeit nicht genau zugeordnet werden kann. Das betrifft zum Beispiel die Frage der Einhaltung der Termine für Wartung und Sachverständigenprüfung, die in der Regel eher nicht in der Verantwortung der SSB v.O. liegt, aber im Ergebnis einer Vor-Ort-Kontrolle diesen zugeordnet werden muss.

Nach unseren Eindrücken stellen Defizite bei mitzuführenden Papieren und Unschärfen in der Kennzeichnung (auch bei der Angabe der TI) die Basis der Mängelpyramide. Der Mittelbau betrifft Mängel beim unmittelbaren Umgang (Absperrungen, Kennzeichnung, Handhabung, Überschreitung zugelassener Dosiswerte). Als Einzelergebnisse sind Mängel zu verzeichnen, bei denen die öffentliche Sicherheit unmittelbar gefährdet ist, z.B. durch kurzzeitigen Verlust der physischen Kontrolle über das Arbeitsgerät oder durch ungenehmigte Lagerung.

Sehr problematisch sind aus unserer Sicht auch Mängel, bei denen die Aufsicht ausgehebelt wird, z.B. durch fehlende oder ungenaue Anzeigen.

Summarisch muss aber festgestellt werden: dies alles sind Mängel, die auch in die Kategorie „Verstoß gegen Genehmigung, SSA, Unterweisungsinhalte, Bedienungsanleitung“ eingestuft werden können. Der tatsächliche technische Mangel unvorhersehbarer Art, z.B. auf der Grundlage eines Ermüdungsbruches oder etwas ähnlichem, ist sehr selten geworden.

Dazu passt, dass die Fa. IT-Service, die auch von ihrem Sitz in Leipzig aus bei Notfallmaßnahmen in der Radiographie eingebunden wird, es noch immer geschafft hat, sogenannte Klemmer ohne schwerwiegende technische Eingriffe zu beseitigen.

Das Ergebnis der Aufsicht wird dem Genehmigungsinhaber schriftlich mitgeteilt und mündet bei einem durchaus erheblichen Anteil in einem Ordungswidrigkeitsverfahren.

7. Fazit

Zwei Werkstoffprüfer im ortsveränderlichen Einsatz, von denen einer die Verantwortung des SSB v.O. trägt und beide die aus dem System Strahlenschutz resultierenden Anforderungen gewährleisten müssen, arbeiten in einer fremden Umgebung, die vielfach nicht die besten Voraussetzungen für diese Art von Arbeit bietet. Sie stehen oft genug unter dem unmittelbaren Einfluss von Wind, Niederschlag oder Kälte. Sie unterliegen unabhängig davon dem üblichen zeitlichen Druck eines Arbeitnehmers und den zeitlichen Anforderungen des Auftraggebers. Sie haben oft komplizierte Arbeitsbedingungen, bei denen Eigensicherung und Fremdsicherung ein wesentliches Element sind.

Vor diesem Hintergrund ist verständlich, dass unter diesen Arbeitsbedingungen eher Abweichungen vom normalen Arbeitsregime auftreten können als z. B beim ortsfesten Einsatz von Radiometriemesseinrichtungen. Schon Ablenkungen aus dem unmittelbaren Arbeitsumfeld können zu Abweichungen führen. Diese Abweichungen müssen zunächst einmal keine strahlenschutztechnische Bedeutung haben, können aber durch Hinzukommen eines weiteren Problems jederzeit zu einem tatsächlichen Ereignis werden.

Selbst wenn es langzeitig keine Zwischenfälle gäbe, steckt in der Kombination von Arbeitsregime, Arbeitsumfeld und verwendetem radioaktivem Stoff eigentlich immer das Potential eines Ereignisses mit erheblichen Auswirkungen. Das Bewusstsein dafür muss immer vorhanden sein, der Werkstoffprüfer muss sich mögliche Konsequenzen seiner Handlungsweise immer vor Augen führen. Werkstoffprüfer benötigen für ihre Tätigkeit Erfahrung und Routine, ohne aber tatsächlich in Routine zu verfallen.

Vor diesem Hintergrund ist die Forderung nach regelmäßiger Aus- und Weiterbildung, auch und gerade praktischer Art, wichtig und gerechtfertigt. Die gesetzlich geforderte, jährliche Unterweisung des Personals sollte durch innerbetriebliche Übungen oder Falldiskussionen ergänzt werden.

Die Aufsicht vor Ort ist wenig genug vor Ort, sie leistet aber aus unserer Sicht einen wesentlichen Teil für die regelmäßige Eigenkontrolle der Firmen und des einzelnen Werkstoffprüfers allein schon durch ihr potentiell mögliches Auftreten. Die Aufsicht ist aus unserer Sicht besonders gefordert, Mängel und Systemschwächen zu erkennen, bevor sie relevant werden.

AUTHOR INDEX